\\ 給寶貝的 //

童話風造型餐 × 魔法便當

為愛而生，童話繪本般的家庭餐桌

世界有多大，「母親」這個角色就有多少不同的面貌，無論是什麼模樣的媽媽，愛孩子的妳，肯定對自己有個期許——想給孩子最好的。僅管對「最好」的定義不同，心意卻相同，能讓孩子感受到這份堅定柔軟的心意，便是人生無可取代的成就。

「我想把全世界最美好的風景，通通帶給孩子」，小子Ｚ初來到這世界時的沈默，沒有嬰兒哭聲的產房，那刻絕望的寧靜和腦海二十分鐘的空白，讓凡事追求完美的怡青，篤定要全心全意陪伴孩子成長，書中童話繪本般的家庭餐桌和造型便當，正是她對陪伴的詮釋之一。

「如果只需加入一點巧思，就能帶給孩子不同的人生風景，為什麼不？」怡青用說故事的方式將料理施以幸福的魔法，只要跟著這本書深入淺出的步驟來操作，媽媽們表達心意的方法，也能跟著變得豐富有趣。

另外，回歸初心，怡青認為小孩子的胃口是一種習慣的養成，因此家庭餐桌上，討喜的造型是手段，健康的食材才是基礎，目的在無形中培養孩子健康的飲食習慣。媽媽對煮食與擺盤的講究，能讓吃進嘴裡的每一口飯菜，都轉化成家庭記憶的連結和對愛的感受力，她堅信這力量，將為孩子交織出一張無形卻綿密的人生安全網。

從國外知名品牌童裝設計師，到全職媽媽的斜槓人生，在怡青的第一本個人食譜書裡，我們不只看見媽媽愛孩子的軌跡；更看見一位閃閃發光的母親，把陪伴昇華為自己與孩子生命共同的養分。

林育嫻／「冷便當社」版主

如同點了魔法棒般的療癒小世界

每每看著怡青的作品，總會讓人心裡不由地也染上幸福的顏色（笑）

不論是可愛的小貓咪、夢幻的獨角獸、美麗的美人魚，或是神秘森林裡的蝴蝶……只要到了怡青手上，立刻就有了生動的輪廓，如同點了魔法棒，幻化出療癒的小世界，讓童話般的夢幻場景一一在餐桌上登場！

最難得的是，這些如夢似幻的餐點不只充滿美感、更兼具了營養和美味的搭配！

來吧！！只要跟著怡青傳授的技巧，照著步驟圖解一步步去做，你（妳）也能完成可愛療癒又美味的「童話風」造型餐唷！

Kana Chiu ／ Kana の烘焙小廚房版主

讓人眼神發光的營養餐盤

有一種感動，是雖然未曾見面，卻能被深深觸動和吸引，第一次看到怡青的作品，就是這種感覺！如童話故事般清新可愛的餐盤裡，其實藏著媽媽對營養均衡的小巧思。同樣是為孩子做餐點，我很能明白這份愛和堅持！

蛋皮星星、肉末小石子、紅蘿蔔花朵、青花菜小樹，用各種天然食材變化成繽紛又充滿想像力的元素。從可愛動物、人物到療癒的大自然場景，怡青的設計魂和巧手，總能讓人眼神發光、跟著她遨遊在每一次的主題裡。

每次看小子 Z 興奮吃著他的餐點，我的心也跟著被溫暖了～這是一本用心紀錄分享造型餐點的實用好書，媽媽牌最棒！

Ilisaliu ／《今天開始愛上早餐》作者

在寶貝的童年記憶中留下幸福點滴

　　怡青的手作餐點超越了我們對食材的印象，藉由繪本餐點述說暖心故事、傳遞情感溫度和細膩紀錄生活美好片刻。讓孩子每天都會期待，餐盤或便當裏又會出現什麼驚喜呢？

　　以故事當出發點為孩子製作餐點，這本書從基礎的圖像構思，掌握了美感要點、食材選擇及烹煮調味、造型細節技巧製作，到最後的擺盤步驟，都一一詳盡列出，足見作者的用心與細心。

　　手把手教你做出可愛療癒又美味的造型餐，讓我們也能做出跟作者一樣充滿童趣的餐點，不僅增加了餐盤上的趣味，更兼顧了營養在其中，也能激發孩子的想像力及創造力！

　　一起來用餐盤說故事吧！讓孩子把營養的食物一點一點吃下去，也讓寶貝的童年記憶有著在餐桌上的幸福點滴。

臉書社團「家有小學生之早餐吃什麼」

每個造型餐的起源，都是愛

在看到書封設計稿、開始寫序的這時，才真實感覺到……我要出書了啊！！從沒想過在退出職場之後的全職媽媽生涯，也能有這個機會，將幫我家小子 Z 做便當、造型餐所學到的一切，分享給你。

Z 在出生時很瘦小，加上後來對某些食物過敏，在外食的選擇上受到許多限制，所以不論到哪，我都會幫他準備專屬的健康餐點。慢慢養慢慢餵，原本令人擔憂的 Z 也慢慢長成了一個熱愛吃東西的小小大食怪！好不容易鬆一口氣，個性謹慎怕生的 Z 在 3 歲時又因為剛上幼稚園適應不良，讓原本食量不小的他，在學校裡不吃不喝。

為了讓 Z 在午餐時間也能感到有媽媽的陪伴，我開始嘗試做造型便當。每天下課回家後，拿出紙筆和他一起畫圖設計便當，一起討論配色、形狀，幫這些便當裡的角色編故事。畫好草稿後，再設法用「食物」重現這些便當角色，以 Z 習慣的食物為主食，放在草稿上或捏或剪出形狀，再「偷渡」一些私心想讓他嘗試的多彩原型食材，做成繽紛的配菜。

經過了一段努力嘗試的日子，終於有一天，小子 Z 在學校將便當吃光光了！打開空空的便當盒，內心是滿滿的感動。而從那之後，小子 Z 也跨越了適應期，常常開心和同學分享他的便當故事，還曾經因為太興奮分享而忘了要吃便當呢！

漸漸地，除了便當外，我和小子 Z 的「餐桌創作」延伸到了日常的餐點。我因此養成了將造型餐和便當 PO 到粉專上的習慣，用它紀錄著生活的點點滴滴，也幸運得到很多新朋老友支持的力量，包括受到日本 NHK 電視台「Bento Expo」和英國 Sky Kids 串流平台拍片的邀約，鼓勵更多家長與小孩一起製作可愛又營養的造型餐。

　　我希望傳達的是，製作造型餐不僅是好看而已，也能夠讓孩子吃得更健康、快樂，並藉此傳達有效利用食材不浪費的觀念。如果你像我一樣，一開始不知道從何做起，覺得看起來不容易，這本書裡有我一路學到的小技巧，也隨書附贈可以直接對照使用的圖稿，一定能幫助你比我當初更快速做出可愛造型，而且又吃得安心！

　　常有人跟我說「你家兒子好幸福」，但其實是因為他，才能讓我在學習廚藝的過程上遇到很多好友，他們不吝嗇地分享，讓我在寫書的過程中得到更多靈感。最後，謝謝家人和我的先生協助拍照大小事、小子 Z 幫忙試吃，以及台灣廣廈編輯群這一年多來的照顧，讓我們在台美兩地也能無接縫接軌一起完成這本書！也許 Z 會希望有天我能做給他酷酷的怪獸吧？！在那之前，先讓我分享我最愛的可愛餐點給你！希望你也能從中做出屬於你們的餐桌童話。

劉怡青 ♡

目錄
Contents

Chapter1
事前準備篇：
把喜歡的圖案，全部變成美味餐點！ …… 14

Chapter2
讓孩子忍不住吃光光！童話風造型餐 ····· 38

Chapter3
給孩子滿分的營養美味！魔法便當 …… 156

本書的食譜使用說明

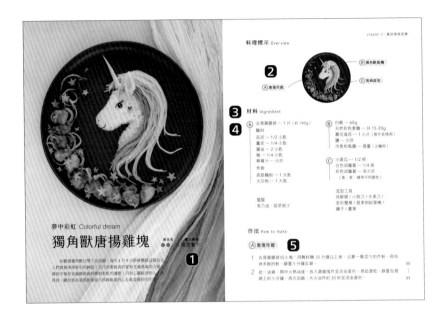

❶ 本書附贈「魔法圖稿著色本」，各食譜皆標示對應的圖稿編號，可以對照使用，也可以自己繪製草圖。圖稿著色完裁剪後以保鮮膜或護貝阻隔油水，即可重複利用。若遺失或毀損，也可以於「魔法圖稿著色本」中掃描 QRCode，下載電子檔列印使用。

❷ 所有造型餐、便當皆以 A、B、C 等英文字母分區標示使用的料理，並依照此分類標示各自的材料、作法。

❸ 本書食譜皆清楚列出使用食材、調味料，但烹調固定使用的「食用油」則不另行標示。為方便備料與閱讀，超過 3 樣以上的調味料，會另標示出「調味料」的區域。

❹ 所有材料與用量，皆可依照喜歡的口味調整。製作造型餐的自由度高，只要掌握「顏色、質地」，就可以任意用家中現有或好取得的材料替換食材或料理，做出自家寶貝的專屬造型餐點！

❺ 作法會按照「料理標示」的編號示範，此順序為建議製作順序，但亦可依照實際操作或自己方便的順序調整。

Chapter
1
———

把喜歡的圖案
全部變成美味餐點！

事前準備篇

● ● ● ● ●

三步驟完成造型！
打造餐桌上的童話世界

小時候吃過的味道常會讓我回想起當時的事情，於是我從最初做造型便當時，就開始用便當和小子 Z 說故事。我在畫便當草稿時也會讓他一起參與，有時候我們以生活中發生的大小事當靈感，也有時候是可愛的童話書、一部感人的電影甚至畫作。

這樣一來，當小子 Z 在學校打開便當時，就像媽媽和身邊和他說故事一樣，能夠幫助他在陌生環境裡更有安全感。對媽媽而言，這些造型餐也彷彿寫日記一般，幫我記錄下與小孩成長的點點滴滴。

製作造型餐沒有太多的限制，食材的選擇上也可以自由替換。接下來，就跟大家分享我自己在製作時的幾個要點。

Step1. 準備草稿

將腦中的圖像描畫成實體圖稿

因為以前從事設計行業，我習慣將腦中的圖像畫成草稿，除了可以更具體構思料理和食材外，也方便對照著捏出形狀更精準的飯糰、薯泥，甚至直接照著切割出形狀。就算不是用畫的，也能夠將喜歡的圖案照描或是列印到紙張上，非常方便。（我在本書中也會附上食譜的對照圖稿，讓大家能夠更輕鬆完成喔！）

先畫好草圖，或是將喜歡的圖片列印下來。

照捏照剪，變出造型！
更多魔法圖稿的使用方式

書中多款食譜都有提供對照圖稿，只要剪下來包上保鮮膜或護貝就可以重複使用，彷彿魔法般的「料理紙型」，幫你輕鬆完成可愛模樣！請參考以下幾種使用方法：

對照塑型

❶ 在圖稿上鋪一層保鮮膜。

❷ 將要塑形的飯或薯泥用保鮮膜包起來，放在圖稿上對照捏出大致形狀。

❸ 整形完成後，繼續包裹著保鮮膜備用，避免乾燥。

製作紙型

❶ 先取一張烘焙紙，放在圖稿上照描後剪下來，做成「紙型」。

❷ 將「紙型」放到食材上，沿著邊緣切割或剪出需要的形狀即可。

比對尺寸

❶

在圖稿上鋪一層保鮮膜。將食材放到圖稿上比對，確認需要的大小長短，方便裁切或調整用量。

像畫畫般自由搭配顏色

完成草圖之後，就要來決定各個區塊的用色。小子Z喜歡繽紛的色彩，所以大部分的餐點，我會圍繞著彩虹般顏色的食材來做搭配，選擇顏色亮眼、多變的配色，帶來充滿活力的快樂感。除此之外，有時也可以利用相近色系（例如黃、橘、紅為主），或是更單純的色系搭配（例如綠、白），做出小清新的感覺。利用食物本身的色彩當顏料，將餐盤和便當為畫布，就能完成一幅幅漂亮、吸睛的餐點。

兼顧色彩&營養的美味組合

確定好圖案和色彩，接下來就是選擇料理及搭配的食材。我會思考想要的效果或許能用什麼食物表現。例如小動物光滑圓潤的臉蛋，可能適合用薯泥或是飯糰雕塑，人魚公主的漂亮金髮則是長長的麵條……其他配料、主菜就放在底層或是包在飯內等看不到的地方，讓一餐的營養更加豐富多樣。

【便當的食材挑選】

便當菜除了要選擇容易保存的菜色，為了不影響孩子在學校的食慾，我大部分會以孩子熟悉的食材為主，只將少部分新食材不知不覺偷渡進餐點裡。對於比較不能接受的食材，也可試著再用不同作法試試看，慢慢讓他接觸到。

【餐盤的食材挑選】

餐盤因為不用像便當需要考慮保鮮，我會比較天馬行空去搭配，家裡有什麼食材都可以運用，也藉此方式讓小孩嘗試看看不同食材。除了主食、主菜以外，蔬果上我會運用比較多種不同顏色的食材，吃得健康之外，也能增加豐富的色彩。

E 綠葉
用櫛瓜、小黃瓜
切出綠色葉子。

B 耳朵內側
用蝶豆花水塗藍，
增加立體感。

A 白色北極熊
飯糰，撒點椰蓉做
出毛茸茸的感覺
（底下鋪小子Z喜
歡的鮭魚）。

D 紅花
將紅色甜椒切成花
瓣，米菓當花蕊。

C 五官線條
用海苔剪，眼睛也
可以用黑芝麻。

畫上喜歡的顏色後，
決定好每個部分使用
的料理或食材。

成品！
P58

輕鬆做出形狀的
常用造型工具

善用工具輔助可以節省許多心力，下面是
我自己時常用到的基本工具，都是常見且
好購得的產品。品牌或種類沒有限制，選
擇自己喜歡、順手的就可以了。

6

❶ 各式壓模（造型壓模／翻糖壓模）

可以將蔬果等食材輕鬆壓出圓形、花朵、愛心、星星，
各種不同的形狀。現成的壓模在材料行、賣日式小物的
實體或網路商店都很容易找到。如果沒有的話，也可以
用手邊的工具代替，例如圓形的瓶蓋、花嘴背面等，都
是現成的圓形壓模。

造型壓模──壓模的種類很多，不論蔬菜或餅乾壓模都
可以使用，選擇喜歡的圖案即可。
翻糖壓模──我很喜歡使用翻糖壓模，有很多圖案，可
以輕鬆將食材壓出更細緻小巧的造型。

2 小剪刀 & 鑷子

我的小剪刀與鑷子是一組的，當時是在網路上的日式小物店購入，小剪刀非常適合剪裁壽司海苔，鑷子細長的尖端用來夾海苔或細小的蔬果也很好操作。大家可以選擇自己用順手的就可以了。

3 海苔壓模（海苔打洞器）

在日式小物的實體和網路商店都有販售，可以將海苔壓出不同表情。剛開始用小剪刀剪海苔的難度較高，初學新手可以先用工具輔助。

4 雕刻刀

我最常使用的是「翻糖雕刻刀」及「食物雕刻刀」。兩者在烘焙材料行和網路商店都可以買到，用途很廣泛，在幫薯泥和飯糰塑形或是切割細部造型、雕刻蔬果上都常用到。

5 水果刀

比起體型大的菜刀，小的水果刀用來做造型會更順手。選擇一般小型、尖頭的水果刀即可，用在切割大面積的造型上。

6 各種削皮刀

各種削皮、刨絲或蔬果削鉛筆機，都是讓造型輕易加分的好幫手。

7 畫筆

我用的是翻糖畫筆，在烘焙材料行或網路商店都可以取得，用來輔助薯泥塑形，或是幫飯糰、薯泥等食材上色。

8 烘焙紙

我時常用來當「紙型」，先剪出想要的形狀，再放到食材上對照切割。

9 保鮮膜

幫薯泥和飯糰塑形時不可缺的工具，建議購買耐熱的產品，如果買得到可分解的保鮮膜更環保。

10 牙籤 / 吸管

用來輔助造型。利用不同尺寸的吸管當作壓模使用。

11 造型叉

用於串連食材，同時也具裝飾效果的小叉子。

12 篩網 / 搗碎器

讓料理過程更方便的工具。篩網用在過濾食材和輔助粉狀食材的擺放，搗碎器則用於搗碎馬鈴薯、芋頭等等。

PLUS

加速料理的家電好幫手

- **快鍋**：利用快鍋燉煮的同時準備造型的部分，可以大幅縮短製作的時間。

- **氣炸烤箱**：除了可以代替大部分油炸的食物，也如同快鍋一樣方便一邊準備餐點、一邊準備造型。

- **食物調理機**：製作醬料或是將食材（例如堅果類）打成粉狀做造型時都很方便，一鍵就完成。

美味又營養的
彩色繽紛食材

許多食材都帶有漂亮的繽紛色澤，像色紙一樣剪剪貼貼，就能創造出夢幻的彩色世界。原則上只要掌握「不易變形出水、可食用」的條件，各種食材都能靈活應用，讓孩子嘗試更多新的食物。

●● 紅、粉

紅色胡蘿蔔、紅色甜椒、蘋果、櫻桃蘿蔔、
西瓜蘿蔔、紅心芭樂、紅白魚板、番茄

● 橘

胡蘿蔔、橘色甜椒

● 黃

黃色櫛瓜、黃色胡蘿蔔、黃色甜椒、
切達起司片、蛋皮

● 綠

綠色櫛瓜、大小黃瓜、佛手瓜

● 紫

紫色高麗菜、紫色胡蘿蔔、
紫色甜椒、紫薯

○ 白

櫻桃蘿蔔、白蘿蔔、莫札瑞拉起司
片、蛋白（水煮）、餛飩皮（烤）、
墨西哥薄餅、紅白魚板

● 黑

壽司海苔

Column
好用的市售裝飾食材

五色米菓
在日貨網站購入，很適合擺盤裝飾，也能代替麵包粉做料理使用。

五色香鬆
在日貨網站購入，裝飾好看又下飯。

帕瑪森起司粉
一般超市皆有販售，除了增加風味也能讓擺盤更浪漫。

椰蓉
在一般超市購得，和起司粉一樣好吃又好看。

食用花
網路或進口超市都有賣，吸睛又不影響味道。

幫料理上色的
天然染色食材

想要創造出更多色系變化時，我也會用蔬果汁、調味料或疏果粉加水當顏料，將白飯、麵條、薯泥等染成喜歡的顏色，或是直接用畫筆塗抹在料理上，增加畫面豐富性外，也添加更多營養。

紅、粉

紫色高麗菜汁（加幾滴檸檬汁變亮粉紅色）、甜菜根汁、莧菜汁、覆盆子汁、草莓汁、甜菜根粉、紅麴粉、火龍果粉

橘

橘色胡蘿蔔（蒸熟壓碎拌飯調色）、番茄醬

黃

蛋黃（蒸熟壓碎拌飯調色）、南瓜（蒸熟壓泥拌飯或薯泥調色）、黃色地瓜（蒸熟壓泥拌飯或薯泥調色）、薑黃粉、南瓜粉

綠

綠色花椰菜（蒸熟將花蕊壓碎拌飯調色）、菠菜汁、無調味海苔粉、菠菜粉

咖

醬油、油膏、無調味可可粉

藍

紫色高麗菜汁（加少許小蘇打粉變藍色）、蝶豆花（泡開水，蝶豆花泡水比起粉末較無味道）、蝶豆花粉

紫

紫色高麗菜汁、紫色地瓜（蒸熟壓泥拌飯或薯泥調色）、紫薯粉

黑

無調味黑芝麻醬、黑芝麻粉、竹炭粉

PLUS

紫高麗菜汁的食驗室

利用酸鹼特性，紫高麗菜汁可以變化出紅紫綠黃等不同顏色，加酸性的檸檬汁變紅，加鹼性的小蘇打粉則變藍。準備各種液體跟孩子一起玩也很有趣！用於食用時，除了注意安全性，也要避免味道太強烈而影響食慾。

酸→鹼

隨取隨用更快速的
造型用常備料理

平常我會趁空檔先做一些常備料理存放，這樣一來，製作造型餐時就可以隨取隨用，更快速完成。接下來要介紹的，就是我家裡冰箱時常備著的幾道好用料理，推薦給大家！

1 奶油馬鈴薯泥 〔用於造型〕

食材
馬鈴薯 1 顆（240g）
中筋麵粉 1/8 小匙
奶油 1/2 大匙
鹽 1/8 小匙

作法
馬鈴薯去皮切小塊、洗淨瀝乾，加入鹽、中筋麵粉、奶油後放入電鍋，外鍋倒約 2 量米杯的水，蒸煮至熟透後立即取出。趁熱用食物搗碎器壓泥、再過篩。

TIPS 蒸好的馬鈴薯要立即取出，避免過度加熱讓質地變黏稠。

TIPS 多餘的薯泥除了冷藏保存，也可以參考 P.36 做成「馬鈴薯蛋沙拉」或其他料理。

2 芋泥 〔用於造型〕

食材
芋頭 200g
鮮奶 50cc
糖或鹽 少許

作法
芋頭去皮切小塊、洗淨瀝乾，加入鮮奶後放電鍋，外鍋倒約 1.5 量米杯水，蒸熟透後取出。視口味拌入糖或鹽，再趁熱搗壓成泥、過篩。

TIPS 蒸好立即取出，可以避免過度加熱讓芋泥質地變黏稠。

TIPS 多餘的芋泥除了冷藏保存，也可以參考 P.37 做成「芋頭餅」或其他料理。

3 甜菜根汁 （用於調色、上色）

食材
甜菜根 1 顆

作法
甜菜根去皮切小塊，放進小碗中，倒入蓋過甜菜根的水後放電鍋，以外鍋 1.5 杯水蒸至熟透，取出汁使用。

TIPS 甜菜根汁可冷藏三天，或是用製冰盒分裝冷凍，方便隨時使用。

TIPS 取出甜菜根汁後的甜菜根可涼拌食用。

4 甜菜根汁漬蘿蔔 （用於裝飾）

食材
白蘿蔔 30g
水 15cc
甜菜根汁 15cc
白醋 15cc
糖 1 大匙

作法
將鹽、糖和水煮開，放涼後加入甜菜根汁，再放入去皮切薄片的白蘿蔔，冷藏醃漬至少 6 小時入味、上色即可。

TIPS 醃蘿蔔片冷藏可保存約一個星期，可以用壓模壓出造型，或當便當的涼拌配菜，既吸睛又開胃。

5 炸 / 烤餛飩皮 （用於裝飾）

食材
餛飩皮 適量

作法
餛飩皮用壓模壓成型後，放入預熱至 100℃ 的烤箱中烤 3-4 分鐘，有脆度即可（視切下來的大小調整烘烤時間）。

TIPS 烤好的餛飩皮用保鮮盒室溫保存可維持脆度，或是參考 P.34 做成炸餛飩皮或其他料理。

6 烤麵包粉 （用於裝飾）

食材
日式或一般
淡色麵包粉 適量

作法
烤箱預熱至 200℃，放入麵包粉鋪平在烤盤上烤約 5 分鐘，中途翻炒一下，烤至金黃上色並有香氣即可。

TIPS 炒過的麵包粉用在氣炸或是烤的料理，可以讓顏色更漂亮（如果用炸的可以用原來的麵包粉），也能用於點綴造型飯糰、薯泥。

提高成功率的
基本造型技巧

造型餐就像是對家常料理施展變妝魔法，用簡單
的幾個技巧，把白飯捏成可愛的小企鵝或是將吐
司剪成北極熊，明明是相同的料理，看起來就完
全不一樣！向大家介紹幾樣時常運用的小技巧，
一起來施展料理的魔法吧！

捏出造型飯糰

米飯還溫熱的時候黏合度高，可以輕易捏塑成形。先用保鮮
膜包起來，再手捏或以模具塑形成想要的形狀，並於盛盤前
都包裹保鮮膜維持濕度。組裝飯糰時建議準備一杯開水，隨
時將手或造型工具沾水，防止沾黏。

溫熱的米飯可塑性很高，用手捏（左）或模具輔助（右）都很容易定型。

以薯泥、芋泥塑型

蒸好放涼後的室溫狀態最適合造型，如果冰過，使用前要先蒸到稍微回溫。
用保鮮膜包裹後捏出大致形狀，擺盤時再組裝。如果體積很小，就直接用乾
淨的手捏製。準備一杯開水，隨時將手或造型工具沾水，可以防止沾黏。

將薯泥或芋泥先捏出各部位再組裝會比較好操作（左），組合後再以畫筆沾水塗抹掉
接縫（右）。

製作造型吐司

吐司去邊後，先用擀麵棒稍微壓扁，讓吐司質地更結實，接下來就可以依照
造型需求捲、折或剪，做出喜歡的圖案。

吐司先擀扁會比
較容易塑型。

裁切造型蔬果

我會在前一晚將需要壓模或刻花的蔬果先備好,加快料理速度。除了可生食的蔬菜,其他蔬菜也可先以汆燙、清炒、烤熟再使用。汆燙蔬菜的滾水中加少許鹽、油,可以保持口感和色澤,還能夠促進紅蘿蔔素吸收。

● 維持表皮完整的切割方式:
  用刀或壓模切割表面脆弱的食材,
  例如甜椒、櫛瓜時,將表皮朝下放,
  從上方的果肉處下壓,表皮會比較
  完整。

蔬菜要先切片再切割(表皮朝下)。

裁剪造型海苔

海苔直接剪很容易斷裂。無調味的壽司海苔買回來後,我會先分切小片冷凍,方便少量使用外,冰凍過後也不易斷裂。來不及冰凍的話,將海苔在滾水蒸氣上快速「蒸過」也能達到相同目的。但要避免將退冰的海苔再度冷凍,或是接觸水蒸氣太久,反而會讓海苔過軟而無法造型。

海苔冰過或稍微蒸過,就不會一剪就裂開。

組合不同食材

以美乃滋黏貼——適合體積小、重量輕的食材,如海苔、青花菜蕊、麵包粉。
將食材沾少許美乃滋當黏著劑後,貼到另一個食材上。少量的美乃滋不會太
影響味道,用在中西式料理上都不突兀。

美乃滋最常用來黏海苔表情,也可以大面積塗抹在料理上,黏貼花椰菜蕊等比較輕的
食材。

以麵條連接食材——適合體積
大、固體有重量的食材,例如
麵包、飯糰等。
將細白麵條(食譜中使用細的
關廟麵)放入烤箱或乾煎到硬
脆狀態,可以取代竹籤,用來
連接麵包、飯糰等造型配件,
不怕小朋友誤食。麵條在連接
後會稍微軟化,可以保有連接
功能,又不影響口感。

將烤乾的細麵插在食材上,仿照竹籤的用法,
插入另一個食材中連接。

零浪費！
邊角食材變身美味料理

做造型餐時常剩下很多吐司或蔬菜邊，這些食材不要浪費，
蒐集起來又可以成為另一道豐富美味的料理！

1 黃金濃湯　剩餘的胡蘿蔔、南瓜

食材

胡蘿蔔 約 100g
南瓜 約 100g
洋蔥 60g
鮮奶 150cc
無鹽雞湯 150cc（或水）
奶油 1 大匙
鹽、黑胡椒 適量

作法

將胡蘿蔔和南瓜蒸熟。另外用湯鍋放入奶油，以小火先將洋蔥丁炒軟，放入蒸好的胡蘿蔔和南瓜、鮮奶和無鹽雞湯後，轉中大火煮沸立刻關火，再用果汁機打成濃湯，加入鹽和黑胡椒調味即可。

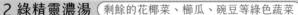

2 綠精靈濃湯 （剩餘的花椰菜、櫛瓜、碗豆等綠色蔬菜）

食材

綠色花椰菜 80g

櫛瓜約 40g　　　雞湯 300cc（或水）

碗豆約 40g　　　奶油 1 大匙

洋蔥 40g　　　　帕瑪森起司粉 1-2 大匙

鮮奶 100cc　　　鹽、黑胡椒 適量

作法

湯鍋放入奶油，以小火先將洋蔥丁炒軟，再放花椰菜、櫛瓜、碗豆和雞湯後，轉中火煮沸後，蓋鍋蓋煮至食材軟透關火，此時水位應該差不多少淹過食材。再用果汁機打成濃湯後倒回鍋中，加入牛奶和鹽調味，以中火煮沸後關火，食用前再加帕瑪森起司粉、黑胡椒即可。

TIPS　蔬菜的比例以花椰菜為主，也可以加入菠菜等葉菜類，將不同營養都做成好喝的濃湯！雞湯（或水）和牛奶的分量，需依照食材的出水量調整。

3 蔬菜煎餅 （剩餘的根莖類蔬菜）

食材

胡蘿蔔、櫛瓜、甜椒、洋蔥等 共 100g

麵糊（中筋麵粉 2 又 1/2 大匙、糯米粉 1 小匙、冰水 50cc、蛋液 半顆、鹽 1/8 小匙、黑胡椒 少許）

作法

所有蔬菜切絲，用紙巾擦乾表面水分，放入「麵糊」中輕輕拌勻。取一平底鍋開中大火，倒入約 1 公分深的油量後，將蔬菜糊分成 3 份放入鍋中，半煎炸至兩面金黃。起鍋前轉大火，將兩面分別再煎約 30 秒至深金黃，取出放在架上瀝乾油、保持脆度。

TIPS　蔬菜在煎的過程會出水，所以先用中大火慢慢將水分逼出，就能做出內 Q 軟外酥脆的口感。

4 彩蔬滑蛋 （剩餘的各種蔬菜）

食材

蔬菜（胡蘿蔔、櫛瓜、甜椒、洋蔥等） 共約 60g

蛋 2 顆　　　　鹽 1/4 小匙

鮮奶 1 大匙　　黑胡椒 少許

作法

蛋液加鮮奶、鹽打散。在鍋中加約 2 大匙油，開中大火，倒入蛋液翻折至大約凝固即可取出，讓蛋保持滑嫩。所有蔬菜切小丁。用同一個鍋子，開中小火，先放入洋蔥、胡蘿蔔拌炒至洋蔥半透明，再放入櫛瓜和甜椒炒熟，倒在煎好的蛋上，撒黑胡椒即可。

TIPS　蔬菜可隨意搭配，重點是加了鮮奶的蛋很滑嫩，是道方便好吃的「清冰箱」料理。

5 炸餛飩皮 （剩餘的餛飩皮）

食材

餛飩皮 適量

鹽、糖 少許

作法

將餛飩皮邊角或是剩餘的餛飩皮切成 1 公分寬條，放入油鍋中，大火炸至金黃即可撈起，依喜好撒上鹽或糖調味，放在架上瀝乾、保持脆度。

TIPS　炸餛飩皮用保鮮盒室溫保存可以當零食，或是搭配沙拉、沾莎莎醬當前菜食用。

6 義式香料麵包丁 剩餘的吐司邊角

食材

吐司 約 1 片　義式香料粉 1/2 小匙
橄欖油 適量　鹽 少許

作法

將吐司切成約 1.5 公分塊狀，表面均勻沾
橄欖油、撒義式香料粉和鹽抓勻後，放入
以 190℃ 預熱的氣炸鍋中，氣炸約 6-7 分
鐘至金黃色（中間翻面一次）即可取出，
放在架上放涼、保持脆度。

TIPS　義式香料麵包丁用保鮮盒室溫保存，
　　　可以用來搭配沙拉食用。

7 蜜糖吐司 剩餘的吐司邊角

食材

吐司 約 1 片
奶油 1 大匙　白砂糖 1 小匙
蜂蜜 2 小匙　糖粉 少許

作法

將奶油微波 30 秒至融化，放入蜂蜜拌
勻。吐司切成約 2-3 公分的塊狀，兩面
均勻沾上奶油蜂蜜後，靜置 2 分鐘至
完全吸附，再將表面沾一層薄薄的白砂
糖。接著放入以 200℃ 預熱的烤箱，烤
約 6-7 分鐘左右至金黃色（中間翻面一
次）後盛盤，撒點糖粉點綴即可。

8 水果多多奇亞籽優格 （剩餘的水果邊角等等）

食材

無糖希臘優格 約 200g
綜合水果 適量
奇亞籽 1 小匙
蜂蜜 1 大匙

作法

將希臘優格、奇亞籽和蜂蜜調
勻，放入保鮮盒冷藏至少 2 小時
或隔夜至奇亞籽膨漲，食用前加
入綜合水果丁，就成了方便又營
養的早餐！

TIPS 奇亞籽是很好的膳食纖維，但要讓它遇水
膨脹後再食用，也注意不要過量喔！

9 馬鈴薯蛋沙拉 （剩餘的薯泥 & 胡蘿蔔）

食材

馬鈴薯泥 100g
水煮蛋 1 顆　　　美乃滋 2 大匙
胡蘿蔔 30g　　　無糖希臘優格 1 大匙
小黃瓜 30g　　　鹽 1/4 小匙
洋蔥 10g　　　　黑胡椒 少許

作法

將去籽的小黃瓜、胡蘿蔔和洋蔥切小丁，
胡蘿蔔氽燙、洋蔥泡冰水 10 分鐘去掉嗆
味備用。水煮蛋用搗碎器壓碎，加入溫
熱的馬鈴薯泥，以及所有食材、調味料
拌勻，冷藏 2 小時以上即可。

10 可樂餅 〔剩餘的薯泥〕

食材

馬鈴薯泥 約 140g	麵粉 2 小匙
牛絞肉 20g	蛋液 半顆
洋蔥 20g	麵包粉 1/3 杯
牛奶 2 小匙	鹽、黑胡椒 適量

作法

洋蔥切小丁，加少許油炒至半軟，再加入牛絞肉持續炒散出香氣，以鹽、黑胡椒調味後炒至收汁，取出備用。將溫熱的馬鈴薯泥、牛奶和炒過的牛絞肉拌勻後分成三份，捏成橢圓形（約 1.5 公分厚），依序沾裹麵粉、蛋液、麵包粉，放入熱好的油鍋中，中大火炸至兩面深金黃色，即可取出瀝油。

TIPS 也可以加入其它造型剩餘的蔬菜，增加營養豐富度！

11 芋頭餅 〔剩餘的芋泥〕

食材

芋泥 約 140g
奇福餅乾 8 片
糖 1.5 大匙

作法

將室溫的芋泥和糖拌勻後，分成四份，分別夾在兩片奇福餅乾間，用虎口輕輕圈住芋泥慢慢塑型（手沾清水可以防止沾黏）。氣炸鍋預熱至 160℃，放入芋泥餅後，兩面各氣炸約 3-4 分鐘至金黃色，取出在架上放涼即可。

Chapter
2

———

讓孩子忍不住吃光光！

童話風造型餐

● ● ● ● ● ●

都是蝟了你 Just for you

溏心蛋海苔飯糰

　　一開始走上造型餐之路，是在小子 Z 三歲開始上學時，剛接觸學校的他很害羞，雖然平常食量不小，但因為在學校期間適應不良而不吃不喝，引發我開始和他一起設計造型便當的想法，希望能幫助他度過適應期。也因為如此，讓我發覺自己的新潛能，今天才有機會將這些餐點故事和經驗分享給大家。藉由用這道造型餐作為這本書的第一個食譜，記錄自己的初心，這裡所做的，都是為了你！

難易度	魔法圖稿
●○○	造型餐 1

料理標示 Overview

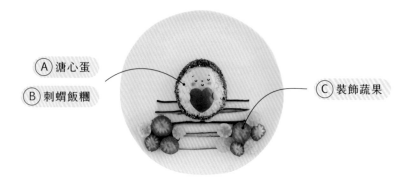

Ⓐ 溏心蛋
Ⓑ 刺蝟飯糰
Ⓒ 裝飾蔬果

材料 Ingredient

Ⓐ 蛋 … 3 顆
　醃料
　蔥末 … 1 小根的量
　蒜末 … 2 小匙
　醬油 … 8 大匙
　糖 … 4 小匙
　水 … 8 大匙
　◎本食譜只會使用其中一顆蛋

Ⓑ 糙米飯（或白飯）… 120g
　溏心蛋 … 1 顆（取自料理 A）
　魚鬆 … 1 又 1/2 大匙
　海苔香鬆 … 1 又 1/2 大匙
　　（可多加無鹽海苔粉，降低鹹度）
　奶油馬鈴薯泥 … 約 15g
　　（作法請參考 P.26）
　蘋果 … 1/4 顆
　壽司海苔 … 1 小片（製作表情用）
　番茄醬 … 1 小滴

Ⓒ 大黃瓜 … 1 根（只需削出幾片）
　綠葡萄 … 3 顆
　草莓 … 3 顆

　擺盤
　美乃滋、甜菜根汁（或番茄醬）

　造型工具
　保鮮膜 / 海苔壓模 / 小剪刀 /
　削皮刀 / 雕刻刀（或水果刀）/
　畫筆 / 鑷子

作法 How to make

Ⓐ 溏心蛋

1　蛋尖朝下放入電鍋蒸架，內鍋倒量米杯 5 小格的水，蒸至電鍋開關跳起後，取出泡冰水冰鎮，剝殼，放入小保鮮盒中。

　　TIPS　沒有電鍋的話，煮一鍋滾水放入蛋，煮 6-7 分鐘後取出泡冰水，放涼剝殼。

　　TIPS　喜歡蛋黃再熟一點的人，可以在電鍋跳起後續燜 1-2 分鐘。

2　將所有醃料拌勻，倒入小保鮮盒中淹過蛋，冷藏一夜。

Ⓑ 刺蝟飯糰

1　在保鮮膜上依序鋪一層飯、魚鬆，再放一顆溏心蛋 ⓐ，用保鮮膜包起來捏緊成橢圓形，底部留一小洞不包飯，方便飯糰立在盤上（可參考圖稿上的刺蝟大小）ⓑ。

　　TIPS　我使用的是「白米：糙米＝ 1：1」的飯，用全白米也可以。

2　用湯匙將海苔香鬆均勻撒在飯糰周圍，完成後用保鮮膜包起備用 ⓒ。

　　TIPS　米飯在溫熱不燙手時最適合塑形，捏好飯糰後，一定要先用保鮮膜包裹起來，才能保持溼度、不易龜裂。

3　奶油馬鈴薯泥加番茄醬拌勻，放在保鮮膜上，對照圖稿捏成圓形並稍微壓扁，當作刺蝟的「臉」ⓓ，另外捏 2 顆小圓當刺蝟的「手」，再捏 2 個小長方體當作「腳」，接著用保鮮膜包起備用 ⓔ。

4　用海苔壓模和小剪刀將海苔壓剪出「五官」，放入密封盒避免受潮。

5　將烘焙紙對照圖稿描出愛心形狀並剪下，再放在切片的蘋果表面，用水果刀刻出愛心蘋果 ⓕ，放入鹽水中防止氧化。

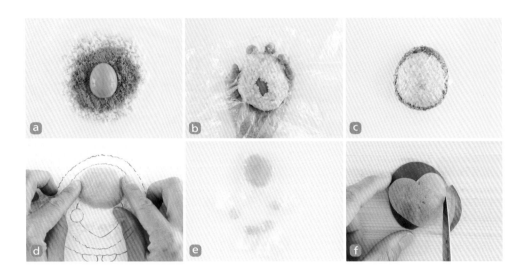

Ⓒ 裝飾蔬果

1 大黃瓜用削皮刀刨出帶綠皮的 4 條長片，並將兩端齊切 **a-b**。

2 用雕刻刀在綠葡萄中間刻一圈 V 字花邊，變成兩半的葡萄花 **c-d**。依照相同方式刻出草莓花，並將草莓尖端切平，方便站立 **e-f**。

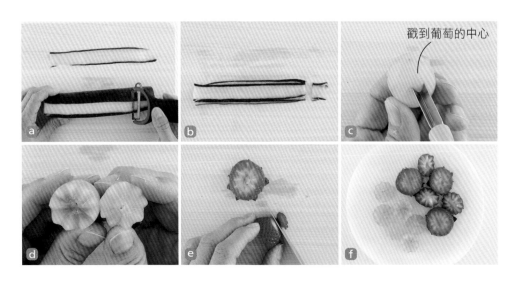

戳到葡萄的中心

擺盤 Presentation

1 　將Ⓒ的大黃瓜長片疊放擺入盤中，放上Ⓑ的飯糰。 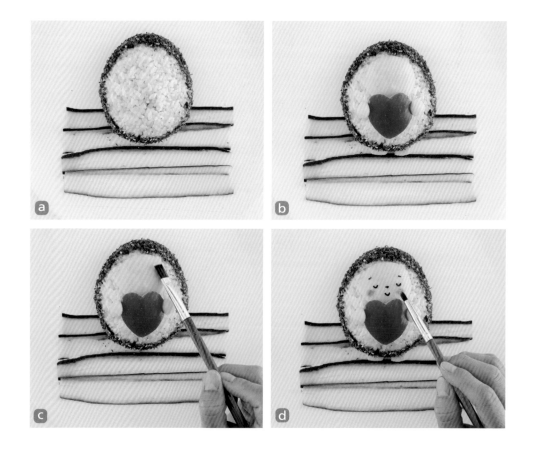　ⓐ

2 　依序在飯糰上擺Ⓑ用奶油馬鈴薯泥做的「臉」、「手」、「腳」、蘋果「愛心」。
　　ⓑ

3 　以畫筆沾水將奶油馬鈴薯泥的表面抹平、輔助塑形。　ⓒ

4 　用鑷子將剪好的海苔「五官」、沾一點美乃滋當黏著劑貼到臉上，並用畫筆沾
　　少許甜菜根汁畫上臉頰。　ⓓ

5 　最後放上Ⓒ的綠葡萄和草莓裝飾即可。　ⓔ

小鳥家族 Family of three
椒鹽豬五花饅頭

難易度 ●○○ ｜ 魔法圖稿 造型餐 2

　　小子 Z 剛學會走路的時候，每天在家附近像巡邏般，能夠走上超過一個小時的路程。記得在一個冬天的傍晚，我們在溫暖的夕陽下散步，一家三口拉長的影子，用相機捕捉變成一張特別的全家福啊～看不到表情的照片，就像親愛的家人一般，不需要言語，不需要解釋也能相依相伴。今天做個可愛的餐給你愛的他 / 她，傳遞心意吧！

料理標示 Overview

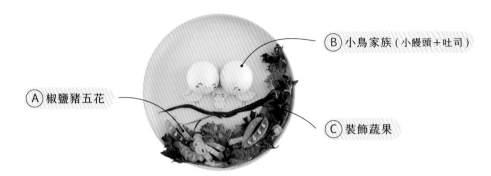

Ⓑ 小鳥家族 (小饅頭＋吐司)

Ⓐ 椒鹽豬五花

Ⓒ 裝飾蔬果

材料 Ingredient

Ⓐ 豬五花肉 ⋯ 100g
（兩小片，約 1-1.5 公分厚度）

醃料
蒜末 ⋯ 1 小匙
蔥段 ⋯ 半根的量
鹽 ⋯ 1/2 小匙
五香粉 ⋯ 1/4 小匙
黑胡椒 ⋯ 少許

Ⓑ 圓形小饅頭（或小包子）⋯ 2 顆
白吐司 ⋯ 半片
黃色胡蘿蔔 ⋯ 少許
壽司海苔 ⋯ 1 小片（製作表情用）

Ⓒ 甜豆莢 ⋯ 2 根
紫色胡蘿蔔 ⋯ 1 根（只需削出幾片用）
彩色小番茄 ⋯ 3 顆
鹽 ⋯ 少許

擺盤
綜合生菜、美乃滋、醬油膏、
番茄醬

造型工具
擀麵棍 / 圓形壓模 / 烘焙紙 /
小剪刀 / 水果刀 / 削皮刀 / 鑷子 /
圓筷

作法 How to make

Ⓐ 椒鹽豬五花

1 　將豬五花肉去皮，抹勻醃料後醃漬至少 60 分鐘或冷藏隔夜。

2 　將醃好的豬五花放入平底鍋中，乾煎至一面呈金黃色、逼出油後，翻面續煎
　　至兩面金黃、表面有些酥脆即可起鍋。

　　TIPS　煎之前先將豬五花表面的蔥和蒜末去除，以免燒焦。

B 小鳥家族（小饅頭＋吐司）

1 吐司切邊後，用擀麵棍稍微擀平，待會較好切割。

2 用不同大小的圓形壓模，在吐司上壓出一大一小的圓當「小鳥」 a-b 。

 TIPS 我是以花嘴背後的圓形當壓模，也可以用家裡現有的圓形物品輔助。

3 用烘焙紙描圖稿上「小鳥爸媽的身體」後剪下，放到吐司上對照切割，再用壓模壓出翅膀的痕跡（不壓斷）。 c-d

4 依照圖稿，將黃色胡蘿蔔切出 2 大 1 小的三角形當「嘴巴」 e 。

5 以水果刀在 2 顆小饅頭上各戳一小缺口，插入步驟 4 的大三角形 f 。

6 將海苔剪出「眼睛」，放入密封盒避免受潮。

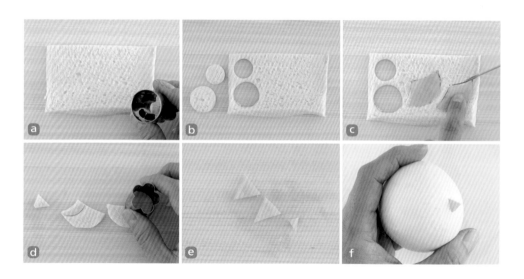

C 裝飾蔬果

1 將彩色小番茄切薄片，紫色胡蘿蔔用削皮刀刨絲當「樹枝」備用 a 。

2 煮一鍋滾水，加入鹽、食用油，將紫色胡蘿蔔和甜豆莢汆燙後撈起瀝乾。

 TIPS 在水裡加點油可使蔬菜軟嫩、增加口感，還能幫助蔬菜中的胡蘿蔔素溶解和吸收。

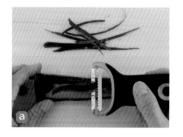

擺盤 Presentation

1 先組裝Ⓑ的小鳥家族。在盤內擺入吐司「身體」、「小鳥」，並擺上 2 顆小饅頭當「小鳥爸媽的頭」。沾點美乃滋將小三角形「嘴巴」貼到小鳥臉上。 **a**

2 將Ⓒ的「樹枝」擺到小鳥下方，沿著盤緣放入生菜、Ⓐ椒鹽豬五花。 **b**

3 以彩色小番茄、甜豆莢裝飾，再用牙籤沾醬油膏，畫出小鳥們的「腳」。 **c**

4 用鑷子夾海苔「眼睛」沾美乃滋黏到臉上 **d**，最後再以圓筷沾番茄醬點上臉頰即可。 **e-f**

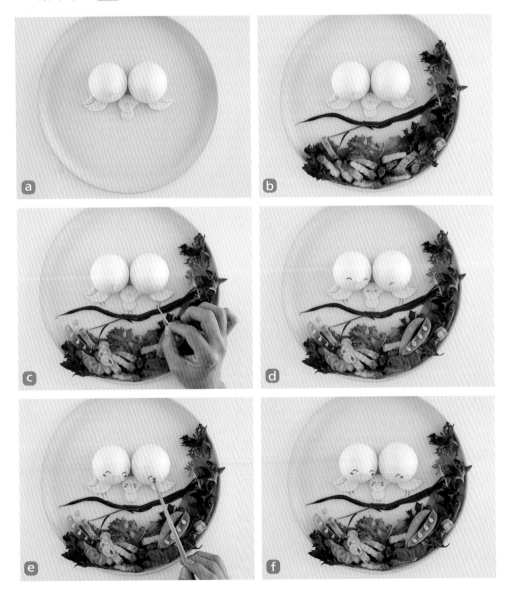

銀河北極熊 Make a wish
白醬貝殼麵

　　小子 Z 常常會看著我們以前的照片，好奇問說當時的他在哪裡，記得他看到我們在一次旅行中拍到的銀河而滿懷憧憬。照片是幾年前曾到庫拉索群島旅行拍的，那裡雖是熱帶島嶼，氣候卻很乾燥。海岸的一邊是湛藍的海域，一邊是像沙漠般的仙人掌花園，開過荒涼的山區小路，偶爾會遇上賣果汁的小店家，就停車涼快一下再出發。當時住在陡峭海岸邊的小屋，在一個一覽無雲的晚上，浩瀚銀河和數不清的流星連接著海平面的畫面，至今都忘不了。這餐就將忘不了的美景分享給你，一起來對流星許願。

難易度 ●○○　　**魔法圖稿** 造型餐 3

料理標示 Overview

- Ⓓ 星星蘿蔔
- Ⓒ 白色花椰菜
- Ⓑ 北極熊吐司
- Ⓐ 奶油白醬雞肉貝殼麵

材料 Ingredient

Ⓐ
雞柳條 … 80g
貝殼義大利麵 … 40g
白色花椰菜 … 25g
洋蔥丁 … 20g
蒜末 … 1/2 小匙
鮮奶 … 100cc
奶油 … 1 大匙
帕瑪森起司粉 … 1 小匙
鹽 … 3/4 小匙
黑胡椒 … 少許

Ⓑ
吐司 … 1 片
壽司海苔 … 1 小片
（製作表情用）

Ⓒ
白色花椰花 … 15g
鹽 … 少許

Ⓓ
黃色胡蘿蔔 … 半根

擺盤
帕瑪森起司粉、美乃滋

造型工具
食物攪拌棒（或食物調理機）/
擀麵棍 / 烘焙紙 / 小剪刀 /
水果刀 / 圓形壓模 /
星形壓模 / 削皮刀 / 篩網 /
湯匙 / 鑷子

作法 How to make

Ⓐ 奶油白醬雞肉貝殼麵

1　雞柳條表面擦乾，放進小保鮮盒中，倒入約 20cc 鮮奶至稍微淹過，再加入
　　1/2 小匙鹽、黑胡椒，醃漬至少 1 小時或冷藏隔夜。

2　平底鍋中加少許油，放入瀝乾醃料的雞柳條，煎到兩面金黃後，切小丁備用。

3　取一冷鍋，放入奶油後開中小火，等鍋子微熱後，放入洋蔥丁和蒜末，拌炒
　　至出現香氣，再加入白花椰菜、鮮奶，燉煮至白花椰菜熟透。接著用食物攪
　　拌棒，將鍋中所有蔬菜打成泥狀白醬。

　　TIPS　奶油燃點低，控制在中小火避免燒焦。

4　取一鍋滾水加少許鹽，放入貝殼義大利麵燙熟後，將鍋中水倒掉，拌入步驟
　　3 的白醬、鹽、黑胡椒調味後關火，再加入帕瑪森起司粉。

　　TIPS　可保留少許煮麵水一起拌勻，讓味道更融合，並調整白醬的濕潤度。

B 北極熊吐司

1 白吐司切邊後，用擀麵棍稍微擀平，待會較好切割。

2 將烘焙紙先對照圖稿剪出北極熊的輪廓後，放到白吐司上 **a**，以小剪刀沿著烘焙紙剪出「北極熊」，再用圓形壓模在剩下的吐司上，壓兩個小圓當「尾巴」**b**。

3 將海苔剪出「五官」，放置保鮮盒備用，避免受潮。

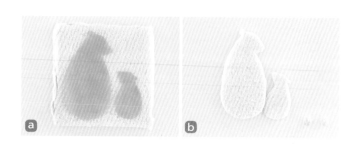

C 白色花椰菜 ＋ D 星星蘿蔔

1 煮一鍋滾水加鹽、食用油，放入花椰菜快速汆燙後，撈起備用。

2 將黃色胡蘿蔔切薄片，用壓模壓出不同大小的星星。 **a-b**

3 另外用削皮刀削出黃色胡蘿蔔細絲當流星的線。 **c**

   TIPS　我使用的是可生食的有機胡蘿蔔，若沒有的話，建議燙熟再食用。

擺盤 Presentation

1 選一個深色的盤子，將Ⓐ的奶油白醬貝殼麵、雞肉分別擺入盤子下方。 ⓐ

2 用篩網將帕瑪森起司粉撒在盤子上方，用湯匙整理成銀河的形狀。 ⓑ

3 擺上Ⓑ北極熊吐司，用鑷子夾海苔「五官」和「熊尾巴」，沾點美乃滋後貼上。
   頸部可以用小剪刀剪一刀，加強脖子的線條。 ⓒ

4 將Ⓒ白色花椰菜沿著貝殼麵上方擺入，再於銀河區點綴Ⓓ星星蘿蔔，做出星星
   和流星就完成了。 ⓓ

企鵝的冬季仙境
Penguin's winter wonderland

台式豬排飯

在製作拍攝這本書的過程中我們搬了家，而在整理東西時，找到一些小子 Z 剛出生時的衣服玩具，回想他小小的時候還真是可愛啊！小子 Z 剛出生 2 個月左右，我最親愛的姊姊們從台灣到美國來幫忙（雖說實際上是夜夜開小派對）。她們還帶給 Z 一個可愛的企鵝抱枕，當時他雖然很小，但只要一看到這個企鵝就會表現得很開心，而這隻圓滾滾的小企鵝也一直陪伴他長大。今天就讓可愛的企鵝好朋友，陪伴你家寶貝度過一餐的時光吧！

材料 Ingredient

Ⓐ 無骨豬里肌肉排 … 1 片（約 150g）
太白粉 … 1/8 杯

醃料
薑 … 2 片
蒜頭 … 2 瓣
檸檬片 … 1 片
醬油 … 1 大匙
五香粉 … 1/4 小匙
麻油 … 1 小匙
糖 … 1/2 小匙
白胡椒 … 適量

Ⓑ 白飯 … 140g
小番茄 … 1 顆
壽司海苔 … 2 大片
黃色米菓 … 3 顆
白色米菓 … 1 顆

擺盤
捲葉生菜、彩色小番茄、椰蓉、
五色米菓、美乃滋、番茄醬

造型工具
槌肉器 / 保鮮膜 / 小剪刀 /
烘焙紙 / 鑷子 / 圓筷

料理標示 Overview

Ⓐ 台式炸豬排

Ⓑ 企鵝飯糰

作法 How to make

Ⓐ 台式炸豬排

1　將豬里肌肉排的白色筋膜處劃幾刀斷筋 ⓐ，再用槌肉器均勻敲打至大約原來 1/2 的厚度，隨後加入醃料抹勻，醃漬至少 1 小時或冷藏隔夜。

　　TIPS　豬肉斷筋可以避免肉排遇熱後收縮捲曲。先敲打破壞肌肉纖維，豬排的口感 也會更軟嫩。

2　將醃好的豬排均勻沾薄薄一層太白粉，再拍打掉多餘的粉，靜置 5 分鐘待反 潮，炸好後會更酥脆。ⓑ

3　起一油鍋，開中火加熱到油表面有點起漣漪、尚未冒煙之前，將豬排放入， 油炸至淡金黃色時，起鍋、瀝油靜置 5 分鐘，再將油鍋開大火，放回豬排炸 至金黃。ⓒ

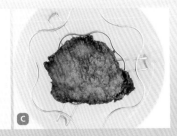

Ⓑ 企鵝飯糰

1 將白飯分成 100g、15g、15g，分別用保鮮膜包起來。對照圖稿，將大飯糰
   捏成大企鵝的形狀，將 2 顆小飯糰捏成小企鵝。 **a**

2 將烘焙紙剪成大、小企鵝的臉型後，取 1 張大正方形海苔（約 14 公分）、2
   張小正方形海苔（約 7 公分），分別對折後再對照烘焙紙，剪出一大兩小的
   企鵝臉的洞。 **b-c**

   > TIPS 可參考圖稿上的企鵝臉，將一張烘焙紙對折，分別描出大、小企鵝半邊臉的
   > 形狀後剪下，剪出左右對稱的臉。

3 在剛剛的大、小張海苔周圍剪出幾道切口 **d**，分別貼在大、小企鵝飯糰上，
   用海苔包住整個飯糰，再用保鮮膜包起來，輔助海苔貼平和保持溼度 **e-f**。

   > TIPS 一定要在飯糰還有熱度時用海苔包裹住，否則海苔不會服貼在飯糰上。

4 製作帽子：取 10g 白飯用保鮮膜捏成一個扁的圓，放上對切的小番茄（另一
   半小番茄留著擺盤）。 **g**

5 將海苔剪出企鵝的「眼睛」、2 個正方形（約 3.5 公分）。將正方形兩邊向
   內折成細長三角形後，剪平尾端，完成「手」 **h-i**。放入密封盒避免受潮。

擺盤 Presentation

1 將生菜擺入盤中，放上Ⓐ台式炸豬排、對切的彩色小番茄。  a

2 在盤面上撒椰蓉後，將Ⓑ企鵝飯糰擺入盤中（在大企鵝背後墊半顆小番茄支撐），再將帽子飯糰放到大企鵝頭上，用鑷子沾美乃滋黏一顆白色米菓在帽尖。 b

3 接著用鑷子夾Ⓑ做出來的海苔「眼睛」和「手」，沾美乃滋貼到企鵝上，再各黏一顆黃色米菓當「嘴巴」。 c

4 用圓筷沾番茄醬點上臉頰，盤子上再隨意撒五色米菓點綴就完成了。 d

聖誕北極熊 A warm December

奶油鮭魚飯

難易度
● ○ ○

魔法圖稿
造型餐 5

　　在紐約的曼哈頓市求學、工作的那些年，下雪的白色 12 月，是一年中最充滿夢幻驚喜的月份。五光十色、充滿活力的城市，到處都有聖誕節和跨年的氣氛。既使來往的遊客和當地的人潮不斷，在聖誕夜回家團聚的傳統，足夠讓整個城市也安靜了下來。搬到加州後雖無飄雪的 12 月天，但回家團聚的心情依舊。有點涼意的日子，將白色的節日帶到餐盤裡，也能溫暖小孩的心靈～說到餐點，當初為了製造白雪而撒上的椰蓉，出乎意料和鹹香的奶油鮭魚飯糰很搭！

料理標示 Overview

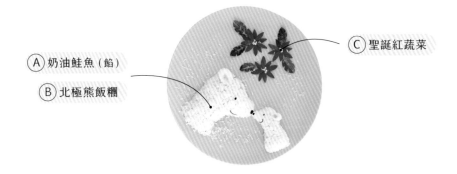

Ⓐ 奶油鮭魚（餡）

Ⓑ 北極熊飯糰

Ⓒ 聖誕紅蔬菜

材料 Ingredient

Ⓐ 鮭魚 … 80g（去骨去皮）
　奶油 … 1 大匙
　蒜頭鹽 … 適量

Ⓑ 白飯 … 120g
　壽司海苔 … 1 小片（製作表情用）

Ⓒ 紅甜椒 … 1/2 顆
　綠色櫛瓜 … 適量
　鹽 … 適量

擺盤
黃色米菓、美乃滋、
蝶豆花粉、椰蓉

造型工具
保鮮膜 / 小剪刀 / 圓形壓模 /
水果刀 / 鑷子 / 畫筆

作法 How to make

Ⓐ 奶油鮭魚

1 將鮭魚切成約 2 公分的塊狀後，擦乾表面。

   TIPS 　鮭魚切小塊可以比較快熟透，也要注意每一面都要翻轉煎過。

2 冷鍋放入奶油，開中小火，等鍋子微熱後，將鮭魚放入鍋中，煎至約一半的厚度變色時翻面，再煎至熟透，撒上蒜頭鹽調味。

   TIPS 　奶油燃點低，將火控制在中小火，可以避免燒焦。

Ⓑ 北極熊飯糰

1 在大、小北極熊的魔法圖稿上鋪保鮮膜 a，放上適量白飯後，用手對照捏塑出北極熊的形狀，包裹起來備用。接著以同樣方式捏出北極熊的耳朵，用保鮮膜包裹備用。 b-d

   TIPS 　不用把飯捏得太緊，讓白飯維持本身的不規則感，製造毛髮的感覺。

2 將海苔剪出北極熊的「眼睛」、「鼻子」、「嘴巴」，放入密封盒避免受潮 e-f。

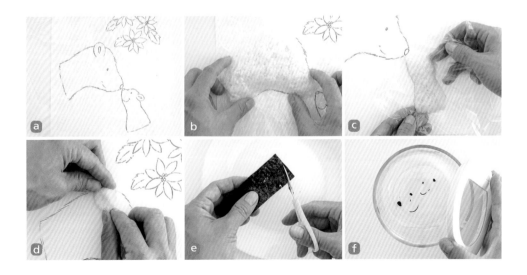

Ⓒ 聖誕紅蔬菜

1 將紅色甜椒用圓形壓模切出約 26 片的花瓣形狀 `a-c`。

2 將綠色櫛瓜表皮切成 0.5 公分厚的片狀，用壓模切出葉子形狀 `d-e`，再刻出葉子的紋路 `f-h`。大約做出 5 片。

　　TIPS　製作造型蔬菜時，也可以購買翻糖壓模 `i` 或直接用刀子切，依照自己方便的方式即可。

3 煮一鍋滾水，加入鹽、食用油，快速汆燙過所有蔬菜後撈起。

擺盤 Presentation

1 將Ⓐ奶油鮭魚壓成小碎塊先擺入盤中，範圍略小於北極熊飯糰。 a

2 在鮭魚上方擺入Ⓑ北極熊飯糰的各部位，組合起來。 b

3 擺入Ⓒ聖誕紅蔬菜，並放上黃色米菓當花蕊。 c

4 用鑷子夾起海苔「眼睛」、「鼻子」、「嘴巴」，沾美乃滋後貼到飯糰上 d。再用畫筆沾調水稀釋的蝶豆花粉，畫上耳朵內部 e-f。最後整體撒上椰蓉當雪花就完成了 g-h。

我的動物朋友 My animal friend
炒蛋菇菇吐司

記得小時候的我很愛狗，總覺得望著牠咕嚕嚕的眼睛，就像在和我說什麼心裡話。瞞著家人把可愛的狗帶回家這種事，在我身上發生過無數次啊～長大後才明白，如果沒有足夠的時間陪伴，也不一定要擁有。所以現在用簡單的吐司來做一隻，陪伴小子 Z 度過快樂的早晨！

難易度
●○○

魔法圖稿
造型餐 6

料理標示 Overview

A 炒蛋 & 彩蔬菇菇

B 小狗吐司

C 番茄鬱金香

材料 Ingredient

A
蛋 … 2 顆
鮮奶 … 1 大匙
玉米粒 … 15g
洋蔥（切丁）… 20g
紅甜椒（切丁）… 10g
蘑菇（切丁）… 1 朵
鹽 … 適量
黑胡椒 … 少許
◎推薦搭配番茄醬享用

擺盤
紫捲生菜、奶油乳酪、美乃滋、
帶梗新鮮薄荷葉

B
白吐司 … 1 片
黑麥吐司 … 1 片
覆盆子果醬 … 少許
藍莓 … 3 顆
壽司海苔 … 1 小片（製作表情用）

C
小番茄 … 1 顆
藍莓 … 1-2 顆
覆盆子 … 1 顆

造型工具
擀麵棍 / 烘焙紙 / 水果刀 / 小剪刀 /
圓形壓模（或吸管）/ 鑷子

作法 How to make

A 炒蛋 & 彩蔬菇菇

1 打 2 顆蛋，將鮮奶倒入蛋液中打散。平底鍋中倒多一點油，開中大火，將蛋
液倒入，稍微翻動至九分熟即可關火盛起。
  TIPS 不要過度翻動或煎過熟，讓蛋保持滑嫩口感。

2 直接用同一個鍋子，開中小火，放入所有蔬菜，拌炒至洋蔥呈半透明的程度，
加鹽、黑胡椒調味即可。

Ⓑ 小狗吐司

1　白吐司和黑麥吐司去邊後，用擀麵棍稍微擀平，方便待會切割。

2　將烘焙紙依照圖稿，剪出小狗各部位的形狀。 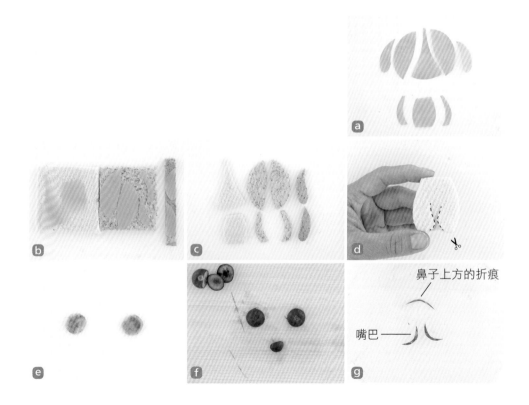 a

3　接著將烘焙紙放到吐司上，對照切割出各部位的形狀。 b-c

　　TIPS　利用不同吐司的顏色做出紋路差異。此處小狗的臉和身體用白吐司、臉和身體的花紋用黑麥吐司、耳朵是黑麥吐司邊。

　　TIPS　剩餘的吐司邊可參考 P.32 做出零浪費的美味料理。

4　小狗的「腳」剪好後，下方中間剪兩刀再稍微翻起，可以做出立體感 d。另外用吸管或圓形壓模壓出 2 個吐司小圓片，抹上覆盆子果醬當「紅臉頰」e。

5　將 2 顆藍莓對半切，取平滑的那一面當「眼睛」，另外一顆藍莓切片後剪成三角形當「鼻子」。 f

6　用海苔剪出小狗的「嘴巴」和「鼻子上方的折痕」，放入密封盒備用。 g

鼻子上方的折痕

嘴巴

Ⓒ 番茄鬱金香

1　將小番茄切掉頭後對切，用水果刀或小湯匙挖除中間果肉，上端剪 2 個小三角形，做出鬱金香的花蕾 a-c 。

2　藍莓和覆盆子對切備用。

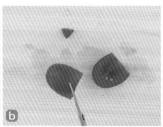

擺盤 Presentation

1　先在盤子中間的位置擺入生菜和Ⓑ小狗吐司的「頭」和「身體」 a 。

2　接著在下方放入Ⓐ的炒蛋，再隨意撒上Ⓐ的彩蔬菇菇 b 。

3　依序用鑷子將Ⓑ的藍莓「眼睛＆鼻子」、吐司「紅臉頰」、海苔「嘴巴＆鼻子上方折痕」沾點美乃滋，貼到小狗臉上，並以鑷子尖端沾點奶油乳酪，點在「眼睛」上當亮點。 c

4　最後在Ⓒ的「番茄鬱金香」下方放帶梗新鮮薄荷葉當花莖，裝飾在小狗旁邊。並以「藍莓、覆盆子、新鮮薄荷葉」做出小狗頭上的花環。 d

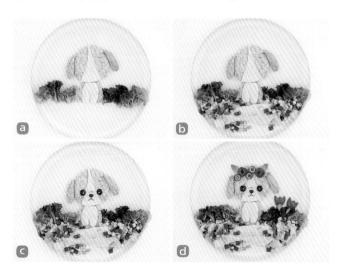

快樂進行曲 "Bee" happy
薯泥肉丸子餐

　　在小子 Z 四歲時，我們曾在台灣居住幾個月，當時常到各處的河岸公園騎車、踢球、放風箏，他說花草很多的地方就像美國的家。那陣子他不管看到什麼蟲子都稱牠們為 bee（蜜蜂），然後揮舞著手想趕走它們，因為他要保護很怕蜜蜂的我……，那可愛的情景讓我想到在美國常見的一句短語 "Bee（蜜蜂）happy"（正確英文是 "Be happy"），這個利用諧音而成的可愛俚語，是要大家保持愉快心情的意思。這餐就帶著又怕又愛的心情，用蜜蜂傳遞快樂給你愛的他 / 她吧！

難易度
●●○

魔法圖稿
造型餐 7

料理標示 Overview

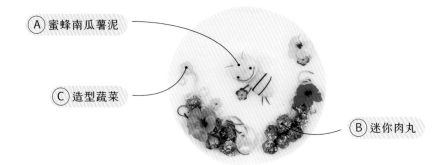

Ⓐ 蜜蜂南瓜薯泥

Ⓒ 造型蔬菜

Ⓑ 迷你肉丸

材料 Ingredient

Ⓐ 馬鈴薯 … 120g
栗子南瓜 … 40g
麵粉 … 1/2 小匙
白色胡蘿蔔 … 2 薄片
紫色胡蘿蔔 … 少許
壽司海苔 … 1 小片（製作表情和條紋）
鹽 … 適量

Ⓑ 牛絞肉 … 70g
豬絞肉 … 70g
洋蔥丁 … 15g
麵包粉 … 1 大匙
牛奶 … 2 小匙
莫札瑞拉起司粉 … 2 小匙
蛋 … 1 顆
蒜頭鹽 … 1/2 小匙
黑胡椒 … 適量

Ⓒ 綠色櫛瓜 … 半根
黃色、紫色胡蘿蔔 … 各少許
鹽 … 少許

擺盤
美乃滋、番茄醬、
莫札瑞拉起司粉、五色米菓、
食用花

造型工具
篩網 / 保鮮膜 / 烘焙紙 / 小剪刀 /
削皮刀 / 蔬果削鉛筆機 /
花形壓模 / 雕刻刀 / 鑷子 / 圓筷 /
畫筆

Note

- 此迷你肉丸的食譜份量約可做 20 顆，此處使用 13 顆。推薦搭配番茄醬食用！
- 栗子南瓜的甜分高、水分少，很適合造型使用。
- 沒有食用花，也可以利用手邊的鮮豔食材裝飾，像是各種「苗菜、彩色小番茄、彩色甜椒」，重點在於幫餐盤增添色彩，讓食慾跟著大開！

作法 How to make

Ⓐ 蜜蜂南瓜薯泥

1　將栗子南瓜和馬鈴薯去皮、切成小塊，加麵粉、鹽，放入電鍋內鍋，外鍋倒一量米杯水，蒸熟。取出後瀝乾碗中多餘的水，將蒸好的南瓜和馬鈴薯搗碎，用篩網過篩備用 ⓐ。

　　TIPS　過篩後的口感和質感都更為細緻。

2　將做好的南瓜薯泥分成約 60g、40g 的大小後，分別用保鮮膜包起，放在蜜蜂的圖稿上，塑型成蜜蜂的頭（約 60g）和身體（約 40g）ⓑ。

　　TIPS　沒有用完的南瓜薯泥可冷藏保鮮 2 天。

3　用烘焙紙對照圖稿剪出「翅膀」，放在白色胡蘿蔔上切割成型 c-d。

4　將紫色胡蘿蔔表皮刨成絲後，切出 6 段約 2 公分的絲，當成蜜蜂的「腳」和「觸鬚」 e-f。

5　用海苔剪出蜜蜂的「眼睛」、「嘴巴」、「條紋」，先放密封盒避免受潮。

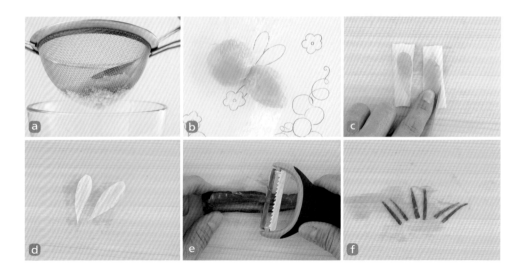

B 迷你肉丸

1 將所有材料和調味料拌勻後，冷藏靜置 30 分鐘。

   TIPS　冷藏降溫後，肉丸會更容易捏塑成形。

2 用手或湯匙將絞肉捏成約 2.5 公分的迷你肉丸後，放到鋪好烘焙紙的烤盤上，靜置 5 分鐘定型。

   TIPS　最後擺盤會使用 13 顆迷你肉丸，也可以一次做大量後冷凍，需要時就可以拿出來吃，快速又方便。

3 將烤箱預熱至 180℃，放入肉丸烤約 10 分鐘至熟透。

   TIPS　實際烘烤時間需依自家烤箱火力調整。

C 造型蔬菜

1 用蔬果削鉛筆機將綠色櫛瓜削成櫛瓜麵。 a

2 平底鍋中倒少許油，放入櫛瓜麵以小火煎熟，加鹽調味。

3 將黃色和紫色胡蘿蔔切成約 0.5 公分的片狀，用壓模壓出花形後，再用雕刻刀或水果刀刻出花瓣 b-d。

   TIPS　我使用的是可生食的有機蔬菜，如果不是的話建議先燙熟。

擺盤 Presentation

1 將Ⓐ的「蜜蜂」放入盤中，用畫筆沾水將表面抹平，同時輔助塑形。 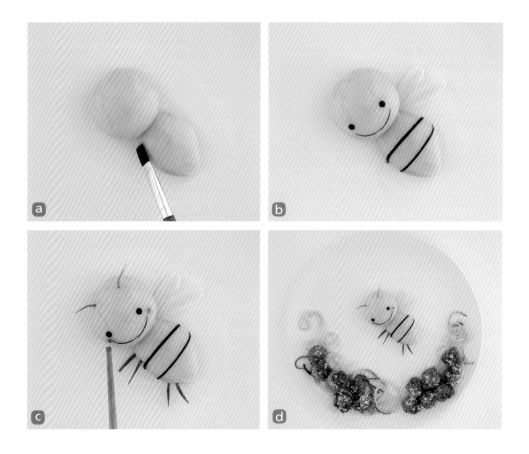 ⓐ

2 接著放上「翅膀」，用鑷子夾海苔「眼睛」、「嘴巴」、「條紋」，沾點美乃滋貼上。 ⓑ

3 用鑷子將Ⓐ蜜蜂的「腳」、「觸鬚」插入蜜蜂的身體及頭上，並用圓筷沾點番茄醬，在臉上點出腮紅。 ⓒ

4 將Ⓒ櫛瓜麵、Ⓑ迷你肉丸依序擺入盤中，再撒點莫札瑞拉起司粉增加風味及點綴。 ⓓ

5 放入Ⓒ刻好的「花朵」後，用五色米菓當花蕊，再擺上食用花裝飾即可。 ⓔ

一夜好眠 Sleep tight

小熊蝦鬆飯

難易度　｜　魔法圖稿
●●○　｜　造型餐 8

英國作家 George Orwell 有句名言——"Day is over, night has come. Today is gone, what's done is done. Embrace your dreams, through the night. Tomorrow comes with a whole new light." 意思是說，無論過得順不順利，夜幕的到來代表今日已經過去。安心一夜好眠，太陽升起後又將是嶄新的一天。我非常喜歡這個人生哲學，也期許小子成長的路上遇到任何挫折，都可以正向面對，永遠能夠像現在這樣無憂無慮進入夢鄉。

料理標示 Overview

Ⓒ 小熊飯糰＋
　　餛飩皮毛巾小熊

Ⓐ 小兒版蝦鬆

Ⓑ 棉被蛋皮

Ⓓ 裝飾蔬菜

材料 Ingredient

Ⓐ
白蝦仁（去腸泥切小丁）… 90g
水梨（切丁）… 15g
無糖腰果（切小塊）… 10g
洋蔥（切丁）… 20g
薑末 … 1/4 小匙
蔥花 … 少許

醃料
蛋白 … 1 小匙
鹽 … 1/4 小匙
太白粉 … 1/2 小匙
白胡椒粉 … 少許
食用油 … 1/4 小匙

Ⓑ
蛋 … 1 顆
牛奶 … 1/4 … 小匙
鹽 … 少許

Ⓒ
糙米飯 … 100g
（也可以改用白飯＋醬油調色）
白飯 … 5g
餛飩皮 … 1/4 片
壽司海苔 … 1 小片（製作表情用）

Ⓓ
胡蘿蔔（紅、橘、黃等）… 各一小段
櫛瓜（黃、綠）… 各一小段
鹽 … 適量

擺盤
白色米菓 2 顆、美乃滋、番茄醬

造型工具
玉子燒鍋 / 小剪刀 / 保鮮膜 /
鑷子 / 星形壓模 / 蔬果削鉛筆機 /
削皮刀

Note

有別傳統蝦鬆，這裡用水梨代替荸薺增加甜
度，無糖腰果代替油條，吃起來更清爽無負
擔。也可以依喜好將無糖腰果換成：烤脆的
吐司丁、氣炸餛飩皮、蝦餅等。

作法 How to make

Ⓐ 小兒版蝦鬆 ＋ Ⓑ 棉被蛋皮

1　製作小兒版蝦鬆：蝦仁丁加入醃料，醃漬至少 10 分鐘。

2　鍋中加少許油，開中火，放入蝦仁丁、洋蔥丁、薑末，拌炒到蝦仁變紅，加入蔥花略拌後關火。食用前再拌入水梨丁，撒上無糖腰果丁保持脆度。ⓐ

　　TIPS　關火前試吃一下味道，若太淡再加鹽調味。

3　製作棉被蛋皮：蛋液加入牛奶和鹽打勻，用篩網過篩兩次後靜置 5 分鐘 ⓑ。

　　TIPS　靜置可以讓蛋液裡的泡泡消掉，做出更細緻的的蛋皮。

4　玉子燒鍋抹少許油，開小火熱鍋後，倒入蛋液鋪平薄薄一層，表面稍呈凝固狀後關火，蓋鍋蓋移離火爐燜熟。若沒有鍋蓋，關火後翻面用餘熱煎熟。ⓒ

Ⓒ 小熊飯糰＋餛飩皮毛巾小熊

1　取適量糙米飯包保鮮膜，對照圖稿，分別捏出小熊的頭 ⓐ、身體、手腳、耳朵。再用白飯捏出小熊的肚皮，以及 2 個小圓球（小熊臉＆毛巾小熊的頭）ⓑ。

2　將餛飩皮表面沾水稍微重疊折起 ⓒ，放入預熱好的烤箱，以 100℃烤約 5 分鐘至有脆度即可。

　　TIPS　溫度和時間請依自家烤箱調整。烤餛飩皮吃起來像餅乾，剩餘餛飩皮用壓模壓出喜歡的形狀後烘烤，放入密封罐冷藏保存，脆度可維持 3 天。

3　用小剪刀剪出海苔「五官」，放置密封盒備用，避免受潮。

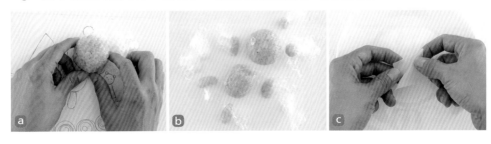

Ⓓ 裝飾蔬菜

1 用蔬果削鉛筆機將不同顏色的胡蘿蔔和櫛瓜削成長條。 ⓐ

2 黃色胡蘿蔔用削皮刀削成薄片，再用壓模壓出 10 個不同大小的星星。 ⓑ-ⓒ

3 煮一鍋滾水，加入鹽和食用油，快速汆燙過所有蔬菜後撈起。

    TIPS　蔬菜也可改用奶油小火乾煎。

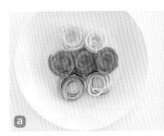  

擺盤 Presentation

1 選一個深色盤子，擺入Ⓒ的飯糰、餛飩皮，組合出小熊＆毛巾小熊。 ⓐ

2 放上Ⓐ的小兒版蝦鬆，並將Ⓑ棉被蛋皮切成正方形後折起，放在小熊腳下。 ⓑ

3 用筷子分別捲起不同顏色的Ⓓ蔬菜麵，擺入盤子下方。 ⓒ

4 在盤子上方點綴Ⓓ的蔬菜星星，放白色米菓在毛巾小熊頭上當耳朵，並用鑷子夾Ⓒ的海苔「五官」，沾美乃滋貼到小熊臉上，用圓筷沾番茄醬點出腮紅。 ⓓ

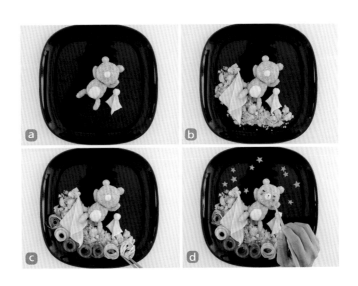

跟著我飛翔 Flying with me

番茄鑲肉
長頸鹿吐司

難易度　｜　魔法圖稿
●●○　造型餐 9

　　你們知道那種讓小嬰兒躺在上面，看著上方吊飾的遊戲墊嗎？出生三個月時的小子 Z 對那些吊在上方的動物們很著迷，正在學翻身的他眼睛充滿光芒，總會很奮力地想去抓其中他最愛的那隻長頸鹿，靠著它，也讓我們度過不少安靜的用餐時間。對小小的身軀來說，那應該是他的全世界吧……至今 Z 還是很喜歡長頸鹿，所以牠也是盤中常客，帶著 Z 環遊小小的盤中世界！

料理標示 Overview

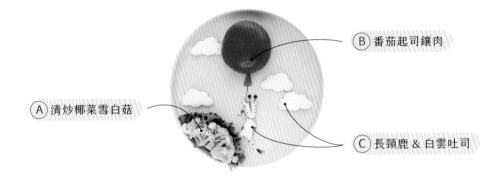

Ⓑ 番茄起司鑲肉

Ⓐ 清炒椰菜雪白菇

Ⓒ 長頸鹿 & 白雲吐司

材料 Ingredient

Ⓐ
白色花椰菜 … 3 朵
雪白菇 … 4 朵
蒜末 … 1 小匙
蒜頭鹽 … 少許

Ⓑ
牛番茄 … 1 顆
豬絞肉 … 100g
洋蔥丁 … 30g
蒜末 … 1 小匙
雙色乳酪絲 … 20g
調味料
番茄醬 … 1 小匙
鹽 … 1/2 小匙
義式香料粉 … 少許
黑胡椒粉 … 少許

Ⓒ
吐司 … 2 片
可可粉水 … 少許
　（無糖可可粉＋水）
奶油乳酪 … 約 15g
奇亞籽 … 2 粒
（也可以用黑芝麻或壽司海苔替代）

擺盤
捲葉生菜、乾辣椒絲、可可粉水、
彩色小番茄

造型工具
湯匙 / 擀麵棍 / 烘焙紙 / 小剪刀 /
雲朵壓模 / 畫筆 / 鑷子

Note

這道料理建議挑選較硬的番茄，比
較能固定形狀。

作法 How to make

(A) 清炒椰菜雪白菇

1 鍋中加少許油,放入雪白菇煎約 1 分鐘至香氣出現後,放蒜末、白花椰菜和少許水,蓋鍋蓋煮約 3 分鐘至熟後,加蒜頭鹽調味。

(B) 番茄起司鑲肉

1 牛番茄切掉上方約 1/4(切下來的番茄不要丟),用湯匙沿著內緣以旋轉方式將果肉挖出後,果肉切丁,並保留其餘水分。 `a-c`

2 鍋中不用放油,直接以中火將豬絞肉煎炒至出現香氣,加入步驟 1 取出的番茄肉和水分、洋蔥丁、蒜末、番茄醬,小火燉煮約 3-4 分鐘至收汁,再加鹽、義式香料粉、黑胡椒調味。

3 接著將絞肉填入挖空的牛番茄中,上面蓋一層雙色乳酪絲,切面朝上放入預熱至 230℃的烤箱中,烤約 2-3 分鐘至起司融化。 `d-e`

   TIPS 烘烤時間不宜過長,烤到起司融化就要取出,用餘熱加溫即可。番茄如果烤太久,外皮容易裂開及出水過多。

4 另用步驟 1 剩餘的牛番茄,切出一個 1.5 公分長、1 公分寬的小三角形 `f`。

Ⓒ 長頸鹿 & 白雲吐司

1　白吐司切邊後，以擀麵棍稍微擀平，方便切割。

2　參考圖稿，將烘焙紙剪成「長頸鹿」各部位後，放在白吐司上對照剪出形狀。 a-b

3　在長頸鹿吐司上先抹一層奶油乳酪，並用畫筆沾可可粉水畫出斑紋，再放奇亞籽當眼睛。 c

4　另外再用雲朵壓模將白吐司壓出4片「白雲」，隨意塗上奶油乳酪，營造出不規則表面 d。

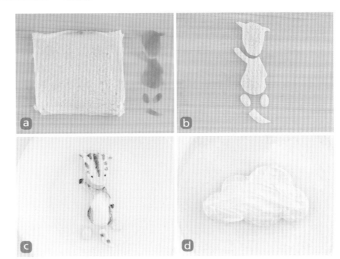

擺盤 Presentation

1　將Ⓑ的番茄起司鑲肉、小三角形番茄在盤中組成「氣球」。 a

2　放上Ⓒ的長頸鹿吐司，畫筆沾可可粉水畫「角」、「尾巴」。 b

3　用乾辣椒絲當作氣球的線，再擺入Ⓒ的白雲吐司。 c

4　最後放入捲葉生菜以及Ⓐ的炒蔬菜即完成。 d

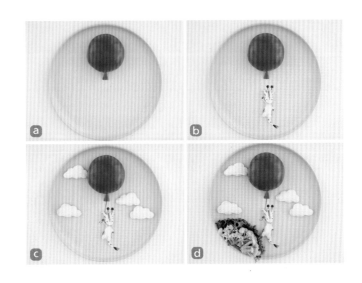

粉紅醬龍蝦
義大利麵

難易度　｜　魔法圖稿
● ● ○　｜　造型餐 11

　　美國各地在節日前後，常會宣導以領養代替購買寵物。每年的聖誕節期間，舊金山市一間有名的連鎖百貨櫥窗，也會換成展示需要被領養的動物們，而牠們通常很快就會被有愛心的人帶回家。常常看到這些小動物，讓小子 Z 也喜歡上貓咪愛笑的眼睛，也許是因為他有著和貓咪一樣，看似內向卻充滿好奇心的性格吧！

材料 Ingredient

(A) 義大利麵 … 30g
龍蝦尾 … 60g
鮮奶 … 60cc
蒜末 … 2 小匙
橄欖油 … 1/2 小匙
奶油 … 1 大匙
帕瑪森起司粉 … 2 小匙

調味料
番茄義大利麵醬 … 120cc
鹽 … 適量
黑胡椒 … 少許

Note

> 番茄義大利麵醬買回來後，可以用
> 冰塊盒分裝冷凍，延長保存期限。

(B) 奶油馬鈴薯泥 … 約 70g
壽司海苔 … 1 小片（製作表情用）

(C) 黃色花椰菜 … 適量
蒜末 … 1/2 小匙
蒜頭鹽 … 適量

擺盤
捲葉生菜、可可粉水（少許可可粉
＋水）、美乃滋、乾辣椒絲 2 根、
番茄醬、帕瑪森起司粉

造型工具
保鮮膜 / 小剪刀 / 畫筆 / 雕刻刀 /
鑷子 / 圓筷

料理標示 Overview

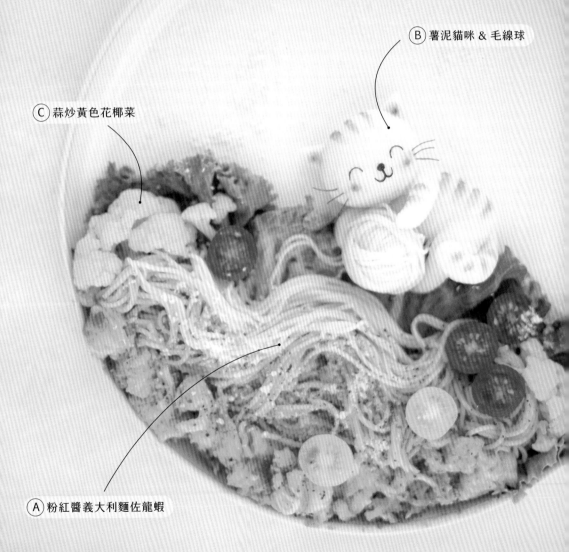

Ⓑ 薯泥貓咪 & 毛線球

Ⓒ 蒜炒黃色花椰菜

Ⓐ 粉紅醬義大利麵佐龍蝦

作法 How to make

Ⓐ 粉紅醬義大利麵佐龍蝦

1 龍蝦肉切小塊。滾水加鹽煮熟義大利麵，撈起瀝乾、拌入橄欖油後，取出 1/3 備用做造型。

2 冷鍋放入奶油，開小火，炒香蒜末後，放入義大利麵醬和鮮奶，小火燉煮約 1 分鐘，再放入龍蝦肉、義大利麵、帕瑪森起司、鹽、黑胡椒拌勻即可。

Ⓑ 薯泥貓咪 & 毛線球

1 用保鮮膜包住奶油馬鈴薯泥，對照圖稿，捏出貓咪各個部位，以及當作毛線球的圓球 ⓐ。

   TIPS 各部位的薯泥大小約是：頭 30g、身體 20g、手共 5g、腳 3g、尾巴 4g、耳朵用少許、圓球 10g。

2 取Ⓐ預留的造型用義大利麵，以及步驟 1 做出的圓球。在圓球外用麵反覆捲成毛線球狀 ⓑ。

3 將海苔剪出「五官」，放置密封盒避免受潮 ⓒ。

Ⓒ 蒜炒黃色花椰菜

1 鍋中加少許油，開中火將蒜末拌炒香，再放入黃色花椰菜拌炒至喜歡的熟度，加入蒜頭鹽調味即可。

擺盤 Presentation

1　在盤子下方擺入一排捲葉生菜，再放上Ⓐ的義大利麵和龍蝦。 ⓐ

　　TIPS　此時若有剩餘的原味義大利麵，可以擺在上方，製造出漂亮的漸層感。

2　接著放上Ⓑ薯泥貓咪、毛線球，以畫筆沾水抹在薯泥的接縫處，將接縫撫平，
　　再以雕刻刀加強細節線條。 ⓑ

　　TIPS　薯泥用畫筆抹水有助於黏合，也可以讓表面更滑順。細節處再用雕刻刀稍微加
　　　　　強線條，就能做出更細緻的成品。

3　用畫筆沾可可粉水，幫貓咪畫上紋路。再用鑷子夾海苔「五官」，沾美乃滋貼
　　到貓咪臉上，插入剪成小段的辣椒絲當「鬍鬚」。 ⓒ

4　用圓筷沾番茄醬，幫貓咪點上腮紅及耳朵內部 ⓓ，再擺入Ⓒ蒜炒黃色花椰菜、
　　切半的彩色小番茄，撒點帕瑪森起司粉就完成了。

夢中彩虹 Colorful dream

獨角獸唐揚雞塊

你聽過獨角獸日嗎？在美國，每年 4 月 9 日都會慶祝這個自古以來，人們就被深深吸引的神話，它代表著純真的愛和充滿勇氣的力量。傳說中牠存在幽靜的森林裡和彩虹的邊際，只有心靈純淨的人才找得到。願你我永遠都能保留小孩般純真的心去看這個彩色世界。

料理標示 Overview

Ⓑ 獨角獸飯糰

Ⓒ 裝飾蔬菜

Ⓐ 唐揚炸雞

材料 Ingredient

Ⓐ 去骨雞腿排 … 1 片（約 140g）
醃料
蒜泥 … 1/2 小匙
薑泥 … 1/4 小匙
醬油 … 2 小匙
糖 … 1/4 小匙
檸檬汁 … 少許
炸粉
高筋麵粉 … 1 大匙
太白粉 … 1 大匙

擺盤
美乃滋、甜菜根汁

Ⓑ 白飯 … 60g
天然彩色素麵 … 共 15-20g
壽司海苔 … 1 小片（製作表情用）
鹽 … 少許
市售和風醬 … 適量（沾麵用）

Ⓒ 小黃瓜 … 1/2 根
白色胡蘿蔔 … 1/4 根
彩色胡蘿蔔 … 各少許
（黃、紫、橘等不同顏色）

造型工具
保鮮膜 / 小剪刀 / 水果刀 /
星形壓模 / 蔬果削鉛筆機 /
鑷子 / 畫筆

作法 How to make

Ⓐ 唐揚炸雞

1　去骨雞腿排切小塊，用醃料醃 30 分鐘以上後，沾裹一層混勻的炸粉，再拍
　　掉多餘的粉，靜置 5 分鐘反潮。

2　起一油鍋，開中火熱油後，放入雞腿塊炸至淡金黃色，撈起瀝乾，靜置在篩
　　網上約 5 分鐘，再次回鍋，大火油炸約 30 秒至深金黃色。

B 獨角獸飯糰

1 煮一鍋水加鹽，將不同顏色的素麵分別煮熟，
放入冷水冰鎮後瀝乾。

  TIPS 冰鎮能讓素麵不沾黏，擺盤過程中也可以加
  少許冰水達到相同作用。

2 對照圖稿，用保鮮膜包白飯捏出獨角獸的
「頭」、「耳朵」後，備用 a-b 。

  TIPS 備用時保鮮膜不要拆掉，以免乾掉。

3 用小剪刀剪出海苔「五官」，放置密封盒避免
受潮備用。

C 裝飾蔬菜

1 將白色胡蘿蔔的尾端削皮，對照圖稿的「獨角獸角」切下需要的長度。 a

  TIPS 除了白色胡蘿蔔，也可以參考 P.24 挑選其他白色食材，或將牛蒡、馬鈴薯用
  削皮刀刨出尖角使用，也可以直接選一根比較細長的玉米筍。

2 彩色胡蘿蔔切成薄片，用星星壓模壓出不同大小的星星。 b

3 使用蔬果削鉛筆機，將小黃瓜削出一段蔬菜麵。 c

  TIPS 若不是可生食的有機蔬菜，上述所有蔬菜建議先燙熟再使用。

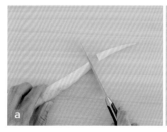

擺盤 Presentation

1 取一個深色盤子，先擺入Ⓑ的飯糰，再用筷子輔助擺放素麵，組合成獨角獸的樣子。 **a**

2 接著沿著下方的盤緣放入Ⓒ小黃瓜麵、Ⓐ唐揚炸雞。 **b**

3 放入Ⓒ的獨角獸角，並在盤中隨意點綴蘿蔔星星。 **c**

4 取Ⓑ的海苔「五官」，用鑷子夾起後沾美乃滋，貼到獨角獸臉上。 **d**

5 用鑷子尖端沾少許美乃滋，在眼睛上點出亮點。 **e**

6 最後用畫筆沾甜菜根汁，畫上耳朵內部即完成。 **f**

愛的花束 Flower love

西班牙海鮮燉飯

　　從小子 Z 兩歲多開始，我們會一起去上一些接觸自然生態的戶外課程。年紀小小的他很喜歡在大自然中尋找落地的漂亮花草果實（寶物！），對接觸到的各種植物與小動物都充滿驚奇。尤其在撿到「寶」的時候眼睛會閃閃發光，將撿到的小花全送給我，好像自己成就了一件大事。今天就將這段回憶做成這束小花，希望長大的他，也不要忘記這個單純的快樂！

難易度
●●●

料理標示 Overview

(A) 茄汁海鮮燉飯 (底下)

(B) 鵪鶉蛋小鳥

(C) 蔬菜花朵

材料 Ingredient

(A)
白蝦仁 … 50g
中卷 … 50g
長米 … 量米杯 5 格
　（可用西班牙短米或一般米替代）
洋蔥丁 … 40g
蒜末 … 1 小匙
雞高湯 … 量米杯 7.5 格
番紅花 … 1 小撮
番茄糊 … 1 小匙
鹽、黑胡椒 … 適量

(B)
鵪鶉蛋 … 2 顆
蝶豆花水 … 少許
　（約蝶豆花 6 朵＋熱水 2 大匙）
紫色胡蘿蔔 … 1 薄片
壽司海苔 … 1 小片（製作表情用）
美乃滋 … 少許

(C)
鮮綠色花椰菜 … 3 朵
櫻桃蘿蔔 … 2 顆
中型牛番茄 … 1 顆
紫色胡蘿蔔 … 1 根
鹽 … 1/4 小匙
糖水 … 適量
　（砂糖 2 小匙＋水 50ml）

擺盤
捲葉生菜、彩色小番茄

造型工具
湯匙 / 水果刀 / 小剪刀 / 雕刻刀 /
鑷子 / 削皮刀

作法 How to make

Ⓐ 茄汁海鮮燉飯

1　蝦仁去腸泥洗淨，中卷切段後表面擦乾。鍋中倒少許油，開中大火，將蝦仁和中卷煎至約九分熟，出現香氣後取出備用。

2　另起一鍋，開中小火，倒入多一點油，放入洋蔥丁、蒜末、番紅花和番茄糊，炒出香氣。

3　再放入洗淨的米、雞高湯，略為翻炒約 10 分鐘、湯汁收至九分乾時，加入鹽、黑胡椒拌勻後，轉小火、蓋鍋蓋續燜 8 分鐘，再放入海鮮，蓋鍋蓋續燜 2 分鐘至熟即可。

　　TIPS　燜煮米飯的過程要視需求調整高湯的量，確保米飯熟透。

Ⓑ 鵪鶉蛋小鳥

1　用湯匙裝蝶豆花水，將鵪鶉蛋圓處朝下直立浸入約 5 分鐘 ⓐ，讓底部上色。

2　將紫色胡蘿蔔切出 2 個小片的三角形、4 根約 1 公分長的細絲。ⓑ

3　在鵪鶉蛋的中心處、蛋尖的頂端各割一個小缺口，插入切好的紫色胡蘿蔔，做出「鳥嘴」及「頭上的羽毛」。ⓒ

4　用海苔剪出小鳥的「眼睛」，沾一點美乃滋貼到臉上。ⓓ

5　接著在小鳥身體兩端用雕刻刀稍微挖出一點蛋白，做出「小翅膀」。ⓔ

6　用鑷子尖端沾點美乃滋，點到眼睛中間當亮點。ⓕ

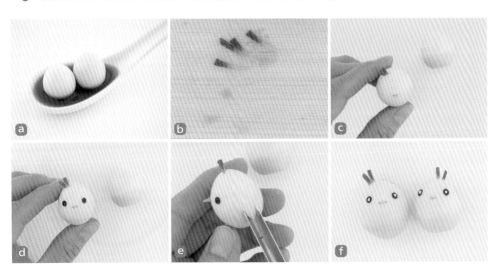

C 蔬菜花朵

1　煮一鍋滾水,加入少許鹽、食用油,將綠色花椰菜燙熟後撈起。

2　製作「櫻桃蘿蔔花」:櫻桃蘿蔔切除兩端後對切,一半挖空中心的肉,用來當花托;另一半切成薄片,泡糖水至軟化半透明 a-c 。再將薄片一層一層疊放回花托整形即可。以同樣方式做出兩朵 d-f 。

　　TIPS　泡糖水的時間和厚薄度有關,如圖般的厚度,大約需要泡 15 分鐘。

3　製作「番茄花」:牛番茄從底部切下一片後不切斷,以旋轉方式削出一長條的皮,接著從尾端開始捲起,再用一開始切下的番茄片當底座固定。 g-l

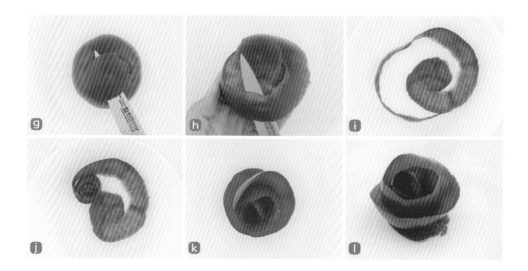

4 製作「胡蘿蔔花」：紫色胡蘿蔔縱向對切後，刨出 2 長薄片，先將一端反折
   後捲起，插入小竹籤固定。以同樣方式做出兩朵。 m-o

   TIPS 竹籤是用來定型固定，擺盤前要先抽出再使用，以免小朋友誤食。

擺盤 Presentation

1 深碗中放入捲葉生菜，再放入Ⓐ茄
   汁海鮮燉飯、Ⓒ花椰菜和對切的小
   番茄。 a

2 接著依序放入Ⓒ櫻桃蘿蔔花、番茄
   花、胡蘿蔔花。 b

   TIPS 胡蘿蔔花要先抽掉竹籤再使
        用。花間的縫隙可以用對切的
        小番茄填補。

3 最後擺入兩個Ⓑ的鵪鶉蛋小鳥，就
   完成啦！ c

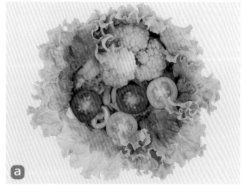

小兒版打拋豬飯

　　春天來了，一起來花園玩躲貓貓！愛玩躲貓貓的小子 Z，明明躲在一眼就看得到的地方，還一直呼喊著「我不在這裡！」，在被找到時還是充滿驚喜的樣子。你家的寶貝也做過一樣可愛的事嗎？這餐用大人小孩都適合的小兒版打拋豬，家裏有什麼蔬菜都可輕易替代的擺盤，加上超萌的貓咪，來做個療癒的一餐！

難易度	魔法圖稿
●●●	造型餐 12

料理標示 Overview

Ⓒ 小貓薯泥　　　　　　　　　　Ⓐ 小兒版打拋豬

Ⓑ 飯糰杯　　　　　　　　　　Ⓓ 裝飾蔬菜

材料 Ingredient

Ⓐ
豬絞肉 ⋯ 100g
蒜末 ⋯ 1 小匙
小番茄 ⋯ 4-5 顆
九層塔葉 ⋯ 適量

調味料
醬油 ⋯ 1 小匙
蠔油 ⋯ 1 小匙
黑糖 ⋯ 1 小匙
魚露 ⋯ 1 小匙
檸檬汁 ⋯ 約 1/8 片的量

Ⓑ
彩色飯 ⋯ 90g
（將白飯染成喜歡的顏色 P.25）
小兒版打拋豬 ⋯ 適量（取自料理 A）

Ⓒ
奶油馬鈴薯泥 ⋯ 約 60g
（作法請參考 P.26）
壽司海苔 ⋯ 1 小片（製作表情用）

Ⓓ
花椰菜 ⋯ 16g
（建議選不同顏色的花椰菜）
青花筍（只取前段花蕊）⋯ 6g
黃色胡蘿蔔 ⋯ 1 薄片
蒜片 ⋯ 1 瓣
鹽、黑胡椒 ⋯ 各少許

擺盤
綜合生菜、美乃滋、醬油、
醬油膏、甜菜根汁、乾辣椒絲、
五色米菓

造型工具
保鮮膜 / 小杯子（或紙杯）/
小剪刀 / 花形壓模 / 畫筆 /
雕刻刀 / 鑷子

作法 How to make

Ⓐ 小兒版打拋豬

1 鍋中倒少許油，開中火，放入豬絞肉炒散到出現香氣後，加蒜末拌炒。

2 加入醬油、蠔油、黑糖和魚露，拌炒至湯汁收一半後，加入對切的小番茄，再擠入檸檬汁，加九層塔葉拌勻即可關火。

Ⓑ 飯糰杯

1 取一張保鮮膜平鋪在小杯子內緣，用湯匙放入彩色飯，並沿著內緣壓成凹下去的杯子形狀（約 1.5 公分厚度）。 ⓐ

2 取適量Ⓐ小兒版打拋豬填入飯糰中 ⓑ，用湯匙壓緊實後，將飯糰取出用手壓緊，再把保鮮膜封口轉緊備用。 ⓒ

TIPS 這步驟一定要確實壓緊，才能夠支撐ⓒ的小貓薯泥哦！

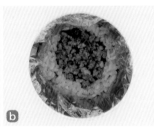

Ⓒ 小貓薯泥

1 將奶油馬鈴薯泥分成 54g、3g、3g 三份，分別用保鮮膜包起來後，對照圖稿捏出貓咪的「頭部」、「耳朵」、「兩個腳掌」。 ⓐ

2 將海苔剪出貓咪的「五官」後，放置密封盒避免受潮。

Ⓓ 裝飾蔬菜

1 鍋中倒少許油，先炒香蒜片，再分別放入花椰
　菜、青花筍，加少許水後蓋鍋蓋煮到稍軟，加
　入鹽、黑胡椒拌勻即可。

2 用壓模將黃色胡蘿蔔片壓出 3 朵花。

　TIPS　我使用的是可生食的有機胡蘿蔔，若沒有的
　　　　話，建議燙熟再食用。

擺盤 Presentation

1 將Ⓑ的飯糰杯先擺入盤中，杯緣擺上Ⓓ的青花筍、少許綜合生菜。 ⓐ

2 用雕刻刀在Ⓒ「腳掌」上壓出掌紋。畫筆沾水抹一下Ⓒ的「耳朵」後，黏到
　「頭」上，再和「腳掌」一起擺到飯糰杯上。 ⓑ

　TIPS　用畫筆沾水輕輕抹過，就可以撫平貼合的接縫。

3 用鑷子夾Ⓒ的海苔「五官」，沾少許美乃滋後黏到貓咪臉上，再將醬油和醬油
　膏調合，用畫筆在臉上畫出紋路。 ⓒ

　TIPS　可用雕刻刀加強線條。調整上方造型時，可以先用原本包飯糰的保鮮膜將飯糰
　　　　杯底包起來，除了固定外也能維持形狀。ⓓ

4 接著再用畫筆沾甜菜根汁畫在耳朵和臉頰，插入剪小段的乾辣椒絲當「鬍
　鬚」，再依序擺上剩餘的Ⓐ小兒版打拋豬、Ⓓ花椰菜和蘿蔔花，依喜好撒上五
　色米菓即完成。 ⓔ

　TIPS　裝飾用的蔬菜沒有限制，依照自己喜好或冰箱現有的蔬菜即可。

大自然的寧靜力量
In the nature-
the calm state of mind

小鹿脆皮雞腿飯

難易度 | 魔法圖稿
●●● 造型餐 13

有時小子 Z 下課之餘，我們會尋找不同的地方去散步或騎車。
在人煙較少的步道，幸運的話會巧遇可愛的梅花鹿，
睜著骨碌碌的大眼，優雅地享受大自然。
記得剛到美國時，野生動物和城市共存的奇景總是讓我充滿好奇，
而至今那種畫面還是讓我覺得身處在童話世界裡。
想像力可以帶你到任何地方，今天就一起在大自然裡尋找寧靜的力量！

料理標示 Overview

Ⓑ 小鹿飯糰
Ⓐ 椒鹽烤雞腿排
Ⓒ 裝飾蔬菜

材料 Ingredient

Ⓐ 去骨雞腿排 … 1 片（約 140g）
醃料
鹽 … 3/4 小匙
黑胡椒 … 適量

Ⓑ 白飯 … 120g
火腿 … 1/2 片
壽司海苔 … 1 小片（製作表情用）

Ⓒ 紫色花椰菜 … 1 朵
胡蘿蔔（橘、黃、紫）… 少許
黃色櫛瓜 … 少許
綠色櫛瓜 … 半根
鹽 … 適量
奶油 … 適量

擺盤
白色米菓、醬油膏、美乃滋
烤麵包粉 1 小匙（作法請參考 P.27）
烤餛飩皮少許（作法請參考 P.27）

造型工具
保鮮膜 / 小剪刀 / 削皮刀 /
蔬果削鉛筆機 / 花形 & 蝴蝶壓模 /
雕刻刀 / 鑷子 / 畫筆

作法 How to make

Ⓐ 椒鹽烤雞腿排

1 雞腿排均勻抹一層薄薄的鹽和黑胡椒,醃漬至少 1 小時或冷藏隔夜。

2 烤箱預熱至 190℃,將醃好的腿排表面擦乾,雞皮朝下放在烤架烤 6 分鐘,
   再將溫度調高到 220℃,雞皮朝上烤約 4 分鐘至表皮金黃、熟透即可。

   TIPS　烘烤溫度與時間,請依各家烤箱、腿排厚度調整。也可以改用香煎的方式,
   　　　雞皮面朝下,中火逼出雞油後翻面煎熟,轉大火再將雞皮朝下,煎至金黃。

Ⓑ 小鹿飯糰

1 在保鮮膜上放適量白飯,對照圖稿,捏出小鹿的「頭型」。再依照相同方式
   捏出「身體」、「耳朵」,完成後包裹保鮮膜備用。 `a-b`

2 將火腿對折,用小剪刀剪出 2 片「耳朵內側」。 `c-d`

3 用海苔剪出小鹿的「眼睛」、「鼻子」、「睫毛」,放置密封盒避免受潮。
   `e`

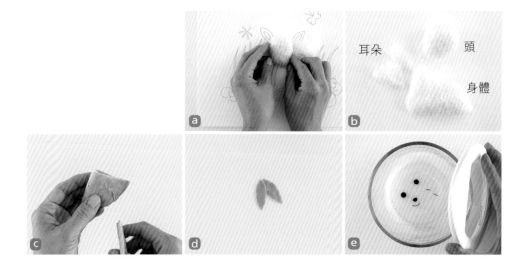

耳朵　　頭

身體

Ⓒ 裝飾蔬菜

1 切一段綠色櫛瓜，將外皮用削皮刀刨絲當「草」 ⓐ。其餘用蔬果削鉛筆機削出一段櫛瓜麵 ⓑ。

2 將橘色和黃色胡蘿蔔切成約 0.5 公分的片狀，用花形壓模壓出花後，再用雕刻刀刻出花瓣的線條。 ⓒ-ⓓ

3 將黃色櫛瓜表皮切成 0.5 公分厚度，用蝴蝶壓模壓出蝴蝶，再用紫色胡蘿蔔刻出蜻蜓和蝴蝶觸鬚。 ⓔ-ⓕ

   TIPS　此步驟也可以改以畫筆沾醬油膏，在擺盤時用畫的代替。

4 鍋中放入奶油，將綠色櫛瓜麵煎熟，加少許鹽調味。另以滾水加少許的鹽、油，分別燙熟黃色櫛瓜和紫色花椰菜。

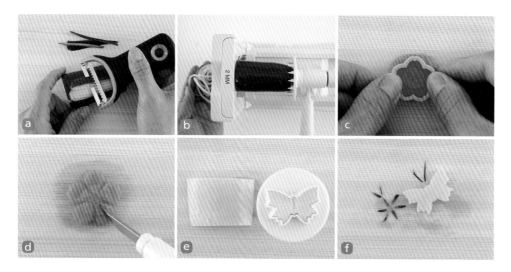

擺盤 Presentation

1 將Ⓐ椒鹽烤雞腿排切成條狀，擺入盤子下方，兩側放Ⓒ的「櫛瓜草」（中間預留小鹿的空間）。 ⓐ

2 再擺入Ⓒ的「櫛瓜麵」、「蘿蔔花」，花的中間放白色米菓當花蕊。 ⓑ

3 接著在櫛瓜草中間放入Ⓑ的飯糰，組合出小鹿的模樣。 ⓒ

4 用畫筆沾醬油膏，幫小鹿飯糰塗上顏色（眼睛和肚子的區塊不用上色）。 ⓓ

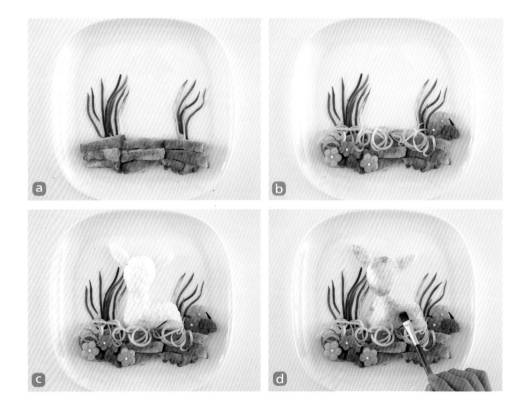

5 接著在有塗醬油膏的地方，撒上烤過的麵包粉，做出毛絨感。 e

6 將Ⓑ的火腿「耳朵內側」擺到耳朵上，並在小鹿身上黏幾塊烤餛飩皮碎片當斑點（沾少許美乃滋固定）。 f

7 用鑷子將Ⓑ的海苔「眼睛」、「鼻子」、「睫毛」，沾少許美乃滋貼到小鹿臉上，並以鑷子尖端沾美乃滋，點在眼睛鼻子上，做出亮點。 g

8 最後擺上Ⓒ的蝴蝶、蜻蜓就完成了（也可以用芝麻醬或醬油膏畫）。 h

夢中的鯨魚
The whale in my dream

韓式雜菜

　　北加州的海岸線有著和台灣東部一樣的山海美景，只是更加寬闊。因為小子 Z 愛海，我們有時間就會開往沿著海岸線的加州一號公路。公路上有個小燈塔觀景點，叫做 Pigeon Point Light Station State Historic Park，座落在 Half Moon Bay 和 Santa Cruz 這兩個著名景點中間。幸運的時候，可以看到鯨魚在深一點的海域上呼吸換氣。燈塔周圍有條小路往下通到不知名的沙灘，常常可以遇到海灣裡的小海獺和岩石上的螃蟹們，那是我們的祕密基地。今天就在餐盤，和久久沒見到的鯨魚好朋友敘敘舊吧！

料理標示 Overview

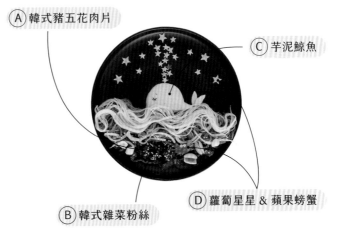

Ⓐ 韓式豬五花肉片
Ⓒ 芋泥鯨魚
Ⓑ 韓式雜菜粉絲
Ⓓ 蘿蔔星星 & 蘋果螃蟹

材料 Ingredient

Ⓐ 豬五花肉片 … 80g
　韓式烤肉醬（可改用市售韓國烤肉醬）
　洋蔥 … 20g
　蒜頭 … 1 瓣
　薑末 … 1/2 小匙
　醬油 … 3 大匙
　糖 … 1 大匙
　水 … 3 大匙
　梨子汁 … 2 大匙
　黑胡椒 … 少許
　白芝麻 … 1 小匙

Ⓑ 冬粉 … 約 25g
　洋蔥 … 30g
　綠色櫛瓜 … 20g
　橘色胡蘿蔔 … 5g
　黃甜椒 … 5g
　新鮮香菇 … 1 小朵
　蝶豆花水 … 100ml
　　（約 5 朵乾燥蝶豆花＋ 100ml 熱水）
　麻油 … 適量
　韓式烤肉醬 … 少許（取自料理 A）
　鹽、黑胡椒 … 各少許

Ⓒ 芋泥 … 25g（請參考 P.26 作法）
　壽司海苔 … 1 小片（製作表情用）

Ⓓ 黃色胡蘿蔔 … 少許
　橘色胡蘿蔔 … 1 小片
　蘋果 … 1 小片
　莫札瑞拉起司片 … 1 小片
　壽司海苔 … 1 小片（製作表情用）
　美乃滋 … 少許

擺盤
貝殼義大利麵（煮熟）、白芝麻、
美乃滋

造型工具
保鮮膜 / 畫筆 / 小剪刀 / 鑷子 /
星形壓模 / 雕刻刀（或水果刀）/
小吸管 / 烘焙紙

Note

> 炒雜菜正統是用番薯做的韓國冬
> 粉，口感 Q 彈、顏色偏深。但為
> 了因應小孩的口味，我用的是比較
> 快熟、好咬，綠豆做的台灣冬粉。

作法 How to make

Ⓐ 韓式豬五花肉片

1　將白芝麻以外的所有韓式烤肉醬材料，用食物調理機打成均勻醬汁。

2　將豬五花切細條，取 3 大匙韓式烤肉醬醃至少 60 分鐘或冷藏隔夜。

3　剩餘醬汁用小火煮開後過篩，加入白芝麻備用。

4　乾鍋下醃好的肉片，中大火煎熟、湯汁收乾即可。

B 韓式雜菜粉絲

1 冬粉燙熟後撈起瀝乾，拌入麻油避免沾黏。取其中 1/3 泡蝶豆花水靜置 5 分鐘上色後撈起，剩餘 2/3 冬粉拌入Ⓐ備用的韓式烤肉醬。 **a**

2 將所有蔬菜切成細絲，分別用中火炒熟，加點鹽和黑胡椒即可。

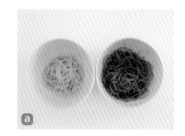

C 芋泥鯨魚

1 預留一小團芋泥備用，其餘放到保鮮膜上，對照圖稿捏出鯨魚形狀後，用畫筆沾水抹勻表面塑形。預留的芋泥則依照相同方式捏成魚尾。 **a-c**

　TIPS　芋泥、薯泥、米飯等接觸空氣容易乾燥，備用時需包保鮮膜維持濕度。

2 用小剪刀剪出海苔「眼睛」、「睫毛」、「眉毛」，放置密封盒避免受潮。

D 蘿蔔星星 & 蘋果螃蟹

1 將彩色胡蘿蔔切成薄片，用星形壓模壓出不同大小的星星。

2 將烘焙紙依照圖稿剪出螃蟹形狀後，放在切片的蘋果表皮上，對照切割出螃蟹 **a**，再泡鹽水防止氧化。起司片用吸管壓 2 個小圓 **b**，中間用鑷子尖端或牙籤各黏一小點海苔貼上，再沾美乃滋貼到螃蟹上當「眼睛」。 **c**

擺盤 Presentation

1 取一個深色盤子,擺入Ⓐ韓式豬五花肉片後撒點白芝麻,再放入Ⓑ炒好的蔬菜
   (保留部分洋蔥絲裝飾用)。 a

2 依序放入Ⓑ的醬味冬粉、蝶豆花冬粉排成波浪狀,再用洋蔥絲做出浪花。 b-c

3 將Ⓒ的芋泥鯨魚擺入盤中,用鑷子夾海苔「五官」,沾美乃滋貼上。 d

4 最後放入Ⓓ的蘿蔔星星、蘋果螃蟹,裝飾少許貝殼麵就完成了。 e-f

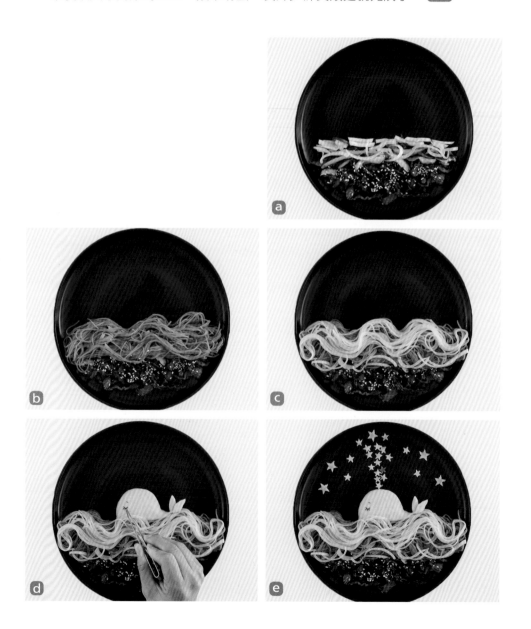

捕捉那一份月光 Catching the Moon

兔子肉燥飯

難易度　｜　魔法圖稿
●●○　｜　造型餐 15

　　想起去年中秋節前的那段日子，小子 Z 突然發現月亮形狀的變化，從那時開始他對星際充滿了好奇，每晚看著漂亮月光、閃閃發亮的眼睛可愛極了。小小孩充滿希望的眼神有著強大的感染力，看著讓人也有好心情啊！不論月圓月缺，期待每天都是希望滿滿的好天～

料理標示 Overview

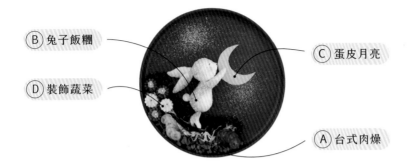

Ⓑ 兔子飯糰

Ⓓ 裝飾蔬菜

Ⓒ 蛋皮月亮

Ⓐ 台式肉燥

材料 Ingredient

Ⓐ 五花絞肉 … 100g
紅蔥頭丁 … 20g
洋蔥丁 … 5g
調味料
水 … 80ml
醬油 … 1 大匙
老抽醬油 … 1/2 小匙
糖 … 1 小匙
白胡椒 … 少許
五香粉 … 適量

Ⓑ 白飯 … 110g
奶油馬鈴薯泥 … 約 2g
　（作法請參考 P.26）
壽司海苔 … 1 小片（製作表情用）
甜菜根汁 … 1 小滴
　（作法請參考 P.27）

Ⓒ 蛋皮 … 半顆蛋量（作法請參考 P.75）

Ⓓ 白色、紫色胡蘿蔔 … 各少許
羽衣甘藍葉 … 5-7g
高麗菜絲 … 10g
紫色高麗菜絲 … 3g
蒜頭鹽 … 適量
糖 … 少許

擺盤
醬油膏、烤麵包粉 1 小匙（作法請
參考 P.27）、美乃滋、紅色＆白色
米菓 5 顆、彩色小番茄、帕瑪森
起司粉

造型工具
保鮮膜／小剪刀／花形壓模／
水果刀／雕刻刀／烘焙紙／
畫筆／鑷子／篩網

Note

台式肉燥中「老抽醬油」的作用是增加
醬色但不至於過鹹，如果沒有也可依口
味以原有的醬油替代。

作法 How to make

Ⓐ 台式肉燥

1 將豬絞肉以中火、乾煎持續拌炒鬆散至出油後，撈起備用。

2 同一鍋以中小火（適情況再加少許油），加入紅蔥頭丁、洋蔥丁炒至呈淺褐色。

3 接著再將豬絞肉加回鍋中，拌炒開後加入所有調味料，煮滾後蓋鍋蓋，轉小火煮約 15 分鐘至湯汁稍微濃稠即可。

Ⓑ 兔子飯糰

1 取一張保鮮膜鋪平在兔子的圖稿上，用保鮮膜包白飯捏出成兔子各部位後，包裹保鮮膜備用。 ⓐ

   TIPS　兔子各部位重量約為：頭 40g、耳朵 16g（做 2 個，各 8g）、身體 40g、尾巴 2g、腳 4g（做 2 個，各 2g）、手 8g。

2 將薯泥調入甜菜根汁拌勻成淡粉紅色後，捏成兔子「耳朵內側」和 1 個約 0.5 公分的圓當「紅臉頰」。 ⓑ

   TIPS　此步驟可省略，用甜菜根汁直接在兔子飯糰上畫出耳朵內側、臉頰。

3 將壽司海苔用小剪刀剪出「眼睛」和「鼻子」，放置密封盒避免受潮。

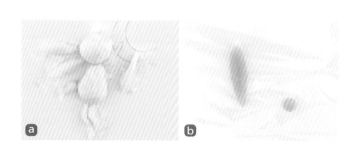

ⓐ　　　　　　ⓑ

C 蛋皮月亮

1 將烘焙紙對照圖稿描出「月亮」形狀後剪下,放到蛋皮上切割出月亮。 a-b

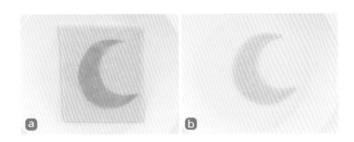

D 裝飾蔬菜

1 將紫色和白色胡蘿蔔切成約 0.5 公分的片狀,用花形壓模壓出花朵,以水果刀從花朵中心等距刻出切痕後,再以雕刻刀在兩道切痕中間刻出短花瓣。 a-e

2 鍋中放少許油,將羽衣甘藍葉、高麗菜絲、紫色高麗菜絲分別煎炒過,用蒜頭鹽調味(羽衣甘藍葉加少許糖提味)。

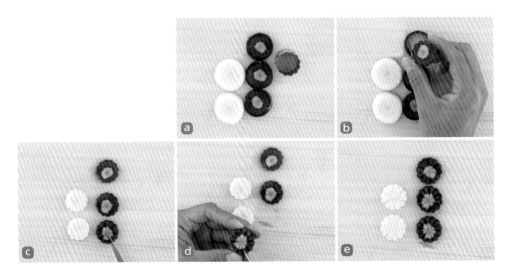

擺盤 Presentation

1 先將Ⓑ的兔子「頭」、「身體」、「耳朵」和「手」擺入盤中組合。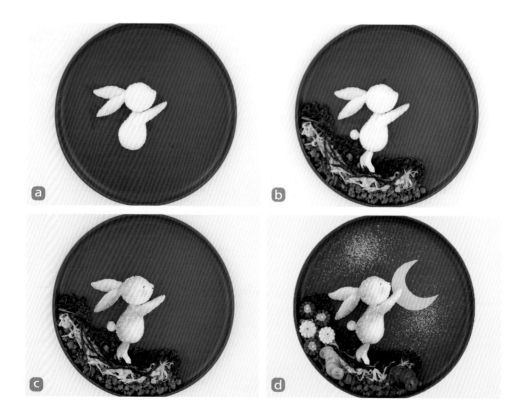

2 在兔子下方依序放上Ⓓ的羽衣甘藍葉、Ⓐ台式肉燥、Ⓓ的高麗菜絲＆紫色高麗菜絲。接著再擺上Ⓑ的兔子「尾巴」和「腳」。

3 用畫筆沾醬油膏畫上兔子的顏色後，於畫過的位置上撒烤過的麵包粉。用鑷子將海苔「鼻子」、「眼睛」沾少許美乃滋貼上，並將Ⓑ的粉色薯泥「耳朵內側」、「紅臉頰」放到兔子的耳朵和臉上，稍微壓扁黏合。

   TIPS　散落在盤子上的麵包粉，可用畫筆「刷」到兔子底下藏起來。

4 將Ⓓ的蘿蔔花加上米菓當花蕊、彩色小番茄切片，依序和Ⓒ月亮一起擺入盤中，再用篩網隨意撒上帕瑪森起司粉即可。

看似在幫小子 Z 做造型餐
的我，其實獲得了更多的
快樂和樂趣，也增加許多
與孩子的美好記憶。

難易度
●○○

愛我們的地球 Love our Earth
南瓜肉燥飯

　　小子 Z 從小跟著我從美國到台灣到處跑,他很
好奇最愛他的阿公、婆婆住在台灣的哪裡,為什麼不
能隨時開車去找他們玩。也因為這樣的好奇,讓 Z 對於
地球儀愛不釋手,追問著世界各個角落都住著什麼人,有
什麼動物,怎樣的天氣,如何才能從美國到各個國家⋯⋯而
說到地球,在有一年的世界地球日,做了這個餐給 Z,當時就
想著告訴大家,做造型餐的同時,也別忘了將剩餘食材再利用,
一起愛護我們的地球喔!

料理標示 Overview

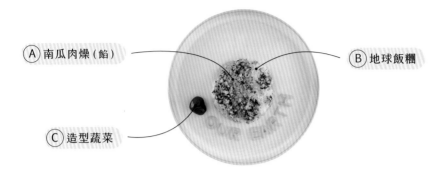

(A) 南瓜肉燥（餡）

(B) 地球飯糰

(C) 造型蔬菜

材料 Ingredient

(A) 豬絞肉 … 90g
南瓜（切丁）… 50g
蔥 … 1 支
蒜末 … 1 小匙
無鹽雞湯（或水）… 約 2 大匙
調味料
醬油 … 2 小匙
醬油膏 … 1 小匙
糖 … 1/4 小匙
白胡椒 … 少許

(C) 黃色櫛瓜 … 半根
小番茄 … 1 顆
鹽 … 適量

擺盤
美乃滋

(B) 白飯 … 1/2 碗
蝶豆花飯 … 1/2 碗
綠色花椰菜 … 約 20g

造型工具
保鮮膜 / 圓形飯碗 /
英文字母造型壓模 / 畫筆

Note

> 蝶豆花飯作法：先將蝶豆花用開水
> 泡開後，代替煮米的水，將米煮熟
> 即可。煮出來的顏色和未煮熟前的
> 顏色差不多，請自行依照蝶豆花的
> 大小朵調整用量。

作法 How to make

Ⓐ 南瓜肉燥

1　將蔥切成蔥花，蔥白和蔥綠分開。取平底鍋，開中火，放入豬絞肉乾煎，以鍋鏟將肉一邊壓平一邊翻炒煎香，再加入蔥白、蒜末拌炒。

2　接著依序放入醬油、醬油膏、糖、南瓜丁和雞湯，蓋鍋蓋，轉小火燜煮至湯汁收乾、南瓜熟透，再撒上蔥綠和白胡椒即可 。

Ⓑ 地球飯糰

1　先取一張保鮮膜，隨意交錯放上白飯和蝶豆花飯，以湯匙稍微整成表面平整的圓片 a 。

2　接著將壓好的飯放入圓形飯碗中，利用湯匙輕壓，讓米飯服貼在碗的周圍，做出圓弧形 b 。

3　將Ⓐ南瓜肉燥擺入碗中，輕輕按壓整型後，將碗用保鮮膜蓋著備用 c 。

4　煮一鍋滾水，加入少許鹽和食用油，快速汆燙過綠色花椰菜後撈起、放涼切碎備用 d 。

　　TIPS　在水裡加點油可使蔬菜軟嫩、增加口感，還能幫助胡蘿蔔素溶解和吸收。

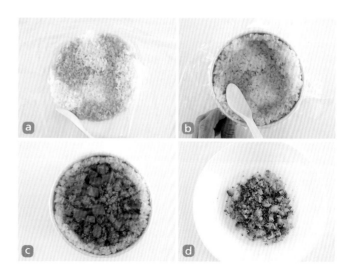

Ⓒ 造型蔬菜

1　將黃色櫛瓜表皮切成 0.5 公分厚度的片狀，用造型
　　壓模壓出英文字母。 `a-d`

　　TIPS　脫膜時可利用食物雕刻刀或水果刀輔助推出。

2　將小番茄從中間斜切，翻轉後連接成心形。 `e-f`

3　煮一鍋滾水，加入少許鹽和食用油，快速汆燙過
　　黃色櫛瓜字母後，撈起備用。

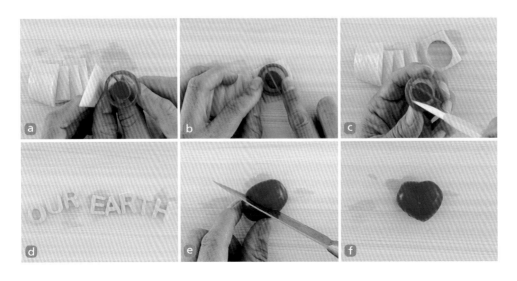

擺盤 Presentation

1 將⑧的南瓜肉燥飯糰整碗扣入盤中。  **a**

TIPS 倒扣時可以利用大的煎匙壓蓋底部,避免餡料掉出來。

2 用畫筆沾美乃滋,在飯糰上大略畫出「大地」的形狀。 **b**

3 將⑧的綠色花椰菜黏在塗有美乃滋的地方,做出綠色大地。 **c**

4 接著擺入ⓒ心形小番茄、黃色櫛瓜字母就完成了! **d**

地球的呈現方法有很多樣貌。
這顆吐司地球是今年的世界地球日，
為了鼓勵小子 Z 參加世界地球日的海報比賽，
我跟著他一起「畫」出來的作品。在這紛紛擾擾的時代，
要愛這個世界，先從愛身邊的人事物開始 :)

使用材料：
蝶豆花奶油乳酪吐司（地球）、酪梨泥（大地）、香瓜（葉子）、
燕麥穀片（下方裝飾）、榛果巧克力醬（線條）。

小太陽 My little sunshine
韓式牛肉拌飯

小子 Z 一來到這世界，就給我個下馬威，還沒聽到哭聲就直接住進加護病房 14 天。我的月子有一半時間是在醫院奔波度過的，後來想想才知道原來這就叫做為母則強啊！也因為這件事，我特別注意小子 Z 的飲食健康和成長的狀況。日子當然不是每天都是 IG 上看到的美好，但是他總會在關鍵時刻帶給我很多歡樂。我們就像彼此的太陽，互相帶給對方所需的能量。就如這份餐點，均衡的營養可以帶來整天的能量，一起來做做看！

材料 Ingredient

Ⓐ 牛小排火鍋肉片 … 90g
胡蘿蔔 … 15g
櫛瓜 … 30g
豆芽菜 … 15g
紅甜椒 … 15g
乾香菇 … 1 大朵

韓式烤肉醬（同 P.110 的醬汁）
洋蔥 … 3 大匙
蒜頭 … 1 瓣
薑末 … 1/2 小匙
白芝麻 … 1 小匙
醬油 … 3 大匙
糖 … 1 大匙
水 … 3 大匙
梨子汁 … 2 大匙
黑胡椒 … 少許

調味料
鹽、黑胡椒 … 各少許

Ⓑ 全蛋 … 1 顆
蛋白 … 1 顆
壽司海苔 … 1 小片（製作表情用）

擺盤
紫米飯 … 1 碗
（紫米：白米＝ 1：4）
奇亞籽、番茄醬、可生食苗菜、食用花

造型工具
食物調理機 / 篩網 / 煎蛋模 /
叉子造型壓模 / 海苔壓模 / 鑷子 /
圓筷

Note

此處花瓣使用的是叉子形狀餅乾壓模的握柄處，也可以換成其他形狀相似的壓模或利用軟塑膠瓶蓋壓扁等，做出花瓣的形狀。

料理標示 Overview

Ⓑ 太陽花蛋

Ⓐ 韓式牛肉

作法 How to make

Ⓐ 韓式牛肉

1　將「韓式烤肉醬」的材料放入調理機打勻，取 3 大匙醃漬肉片至少 60 分鐘。

　　TIPS　如果前一天有空，可以先醃漬肉片，放入冰箱冷藏隔夜。

　　TIPS　剩餘的調味料用篩網過篩後加熱，再加入適量白芝麻，當備用的拌飯醬。

2　香菇用清水泡開後，和胡蘿蔔、櫛瓜、紅甜椒分別切成細絲。

3　平底鍋中加少許油，開中小火，將所有蔬菜炒熟，再加入鹽、黑胡椒調味。

4　另起一個平底鍋，加少許油後開中大火，將牛肉片快速煎炒至醬汁稍微收乾，撒上白芝麻備用。

　　POINTS　拌飯的蔬菜可以用任何蔬菜替代，隨時做出漂亮的「清冰箱料理」。

　　POINTS　喜歡吃辣的人，可以改用市售的韓式拌飯用辣醬。

Ⓑ 太陽花蛋

1　打一顆蛋，將蛋黃、蛋白分開。

2　在平底鍋裡倒一大匙油，讓油均勻分布鍋底，將煎蛋模內圈抹一層油後放入鍋中。開最小火，先將蛋白倒入煎蛋模，蓋上鍋蓋燜至半凝固，再將蛋黃倒入蛋白中心位置 Ⓐ，關火，燜 5 分鐘後取出。

　　TIPS　若蛋黃偏移中心，可趁凝固前用鍋鏟輕推到中間，略等幾秒固定後再移開。

2　取出後，用刀鋒沿著模具劃一圈協助脫模 Ⓑ。

　　TIPS　這個煎蛋方式可以做出非常立體的太陽蛋，還能依照喜歡的熟度調整燜熟蛋黃的時間。

3　另起一平底鍋加少許油，開最小火，放上煎蛋模，倒入另一顆蛋的蛋白，蓋上鍋蓋燜至蛋白熟透後取出，用壓模切出 13 片花瓣 Ⓒ。

4　用海苔壓模將海苔剪出「眼睛」和「嘴巴」，放入密封盒備用。

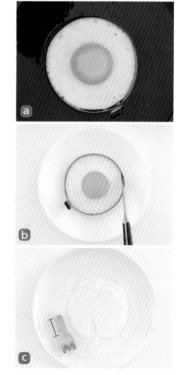

擺盤 Presentation

1 準備一個碗，裝入紫米飯，接著先鋪滿Ⓐ韓式牛肉後，再將各種炒蔬菜呈傘狀擺入碗中。 a

   TIPS 紫米富含花青素和多種微量元素及 B 群，可以預防缺鐵性貧血、消除疲勞、維持骨骼及牙齒健康。雖然好處很多，但紫米屬於糯米，食用過多可能導致胃脹氣，所以適量攝取即可。

2 接著放上Ⓑ太陽蛋，沿著蛋黃擺上蛋白小花瓣。在蛋黃、蛋白交接處撒一圈奇亞籽。 b

3 最後利用鑷子將海苔「眼睛」、「嘴巴」擺在蛋黃上。再用圓筷一端沾番茄醬點出腮紅 c ，依喜好放入苗菜及食用花點綴就完成了。 d

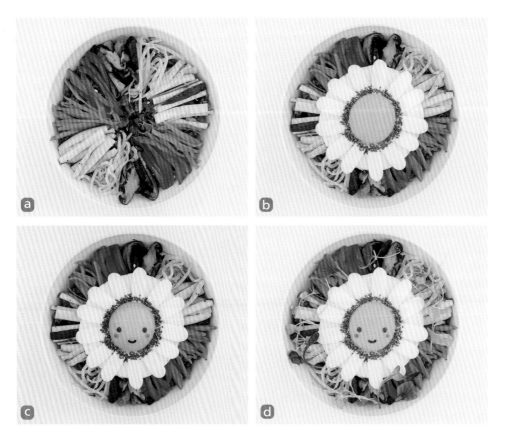

星空下 Under the stars
檸檬蒜蝦青醬麵

難易度	魔法圖稿
●●○	造型餐 16

小子 Z 有陣子從他愛的卡通裡學到「Glamping」這個字，
常問我們能不能去 glamping 豪華露營，
讓我想起小時候跟親戚們全家大小去露營的美好回憶。
在小溪裡玩水、翻石頭找小蝦，
最開心的莫過於天黑之前烤肉的味道，加上一鍋期待的熱湯麵。
天黑之後，在星空下繼續開心地唱著當時的歌，吵吵鬧鬧迎接黑夜。
不管是不是豪華露營，希望小子長大後也有很多值得回味的美好回憶。
說到這道料理，將菠菜加入青醬裡，搭配堅果的濃厚香味，
讓還不太能接受菠菜的 Z 也吃得津津有味，一起來試試看！

料理標示 Overview

Ⓓ 造型蔬菜

Ⓑ 青醬米型麵

Ⓒ 帳篷吐司

Ⓐ 蒜香奶油檸檬蝦

材料 Ingredient

Ⓐ 白蝦仁 … 90g
　調味料
　奶油 … 2 小匙
　蒜末 … 1 小匙
　蒜頭鹽 … 適量
　檸檬汁 … 1/8 小匙

Ⓒ 白吐司 … 1 片

Ⓓ 紅甜椒 … 1 長片（寬約 1 公分）
　黃甜椒 … 1 長片（寬約 1 公分）
　紫色胡蘿蔔 … 1 根
　白色胡蘿蔔 … 適量

Ⓑ 義大利米型麵 … 40g
　鹽、黑胡椒 … 適量
　青醬
　羅勒葉 … 1 碗（飯碗）
　菠菜 … 1/2 碗（飯碗）
　土耳其開心果粉 … 10g
　核桃 … 10g
　蒜頭 … 2 瓣
　初榨橄欖油 … 7 大匙
　檸檬汁 … 1/4 小匙
　鹽 … 1/2 小匙
　黑胡椒 … 少許

擺盤
青花筍（煮熟）、奶油乳酪、
五色米菓、綜合生菜、
彩色小番茄（切圓片）、
帕瑪森起司、土耳其開心果粉、
歐芹（可省略）

造型工具
食物調理機 / 擀麵棍 / 烘焙紙 /
小剪刀 / 水果刀 / 削皮刀 /
星形壓模

Note

> 正統的青醬會加松子，也可以用自己
> 喜歡的堅果類代替。多做的青醬，可
> 以放冰箱冷藏和冷凍保存。

作法 How to make

Ⓐ 蒜香奶油檸檬蝦

1　蝦仁去腸泥、洗淨後切成小塊，表面擦乾備用。

2　冷鍋放奶油後開中小火，放入蒜末炒出香味，再加入蝦仁，轉中火炒至蝦仁變紅，加點蒜頭鹽調味，待蝦仁完全熟透後關火，倒入檸檬汁拌勻。

　　TIPS　奶油的燃點低，開中小火就好，避免燒焦。

Ⓑ 青醬米型麵

1　將青醬的所有材料加入食物調理機中打成醬。

　　TIPS　開心果粉在烘焙材料行可買到，也可用食物調理機將開心果仁打成粉。

　　TIPS　打青醬的過程中如果太乾，可視情況增加橄欖油用量。

2　備一鍋滾水加少許鹽，放入米型麵煮熟後，撈起瀝乾。

3　平底鍋加少許油，開中火炒香約 1.5 大匙的青醬，再加入米型麵拌勻，最後可再依喜好以鹽和黑胡椒調味。

Ⓒ 帳篷吐司

1　白吐司切邊後，用擀麵棍稍微擀平。保留一小段切除的吐司邊。

2　取一張烘焙紙，依照圖稿描繪並剪成「帳篷」的三角形後，放在白吐司上對照，切出 2 個三角形 ⓐ。

3　將其中一片三角形對半切開，利用刀背斜壓一條線 ⓑ，往外翻折成帳篷入口。再將預留的吐司邊切割出一個小三角形 ⓒ。

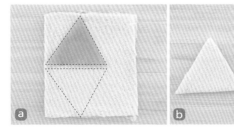
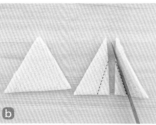

Ⓓ 造型蔬菜

1　製作裝飾旗：將黃色和紅色甜椒各切一小片後，再切出 7 個約 1 公分長、0.5 公分寬的三角形。 `a-c`

2　製作旗繩 & 帳篷支架：將紫色胡蘿蔔用削皮刀刨出 5 根長條，長度分別約為 2 根 12 公分（掛繩）、2 根 8 公分（長帳篷支架）、1 根 2 公分（短帳棚支架）。 `d-e`

3　製作星星：白色胡蘿蔔切成薄片，用壓模壓出 8 個不同大小的星星。 `f`

　　TIPS　此處使用的是可生食的有機蔬菜，如果使用非有機或不適合生食的蔬菜，必須先汆燙。

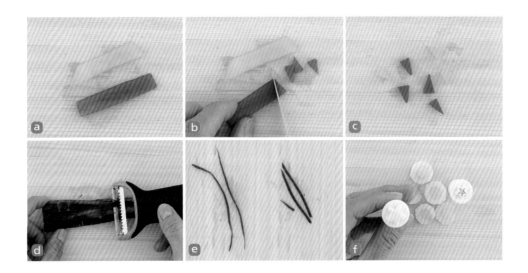

擺盤 Presentation

1 將Ⓑ青醬米型麵在盤子下方擺成半圓形的土地,上面再放青花筍做出兩側的大樹。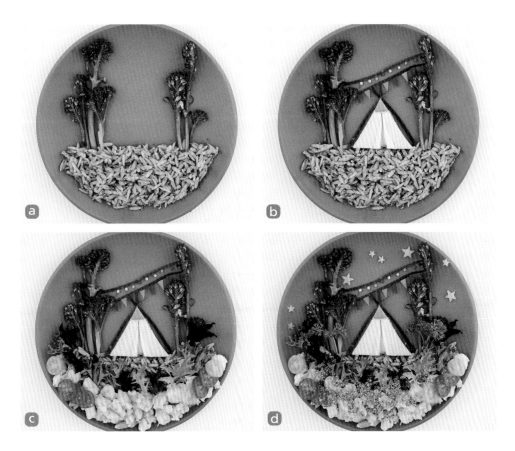 ⓐ

2 在米型麵上方組合Ⓒ帳篷吐司,以奶油乳酪當黏著劑,將帳棚吐司貼合後,上方尖角再黏小三角形吐司邊。接著擺上Ⓓ的帳篷支架、兩條旗繩,一條旗繩裝飾甜椒紅、黃旗,另一條擺五色米菓當彩色燈泡。 ⓑ

    TIPS   兩根長的帳篷支架在帳篷頂端下交錯,另一根 2 公分短支架放在交錯處中間,當成後方延伸出來的支架。

3 在米型麵下緣擺入Ⓐ蒜香奶油檸檬蝦,加上綜合生菜和彩色小番茄片。 ⓒ

4 在盤子上方隨意擺入Ⓒ蘿蔔星星,米型麵上撒帕瑪森起司和少許土耳其開心果粉增加風味和顏色即可。 ⓓ

    TIPS   也可以在青花筍下方放一些歐芹,做出高低層次的森林感。

快樂的雨天
It's a happy rainy day

蔥燒牛肉
米漢堡

Life isn't about waiting for the storm to
pass, it's about learning to dance in the rain.
– by Vivien Greene

　　這句英文字面上的意思是，「遇到暴風雨
時，不要只躲著等它過去，而是要學會在雨中
跳舞」。就像生活中遇到的不如意，要學會面
對它。而說到天氣，我們居住的加州大多是晴
天，下雨天反而變成難得的好日子。小子 Z 有
多點時間玩樂高，看他愛的書，享受「安靜」
的時光。覺得想探險的時候，穿著可愛的雨鞋
沒有到不了的地方。他最愛雨天，因為期待雨
後天晴的漂亮彩虹。讓我們一起來過個快樂的
下雨天吧！

難易度	魔法圖稿
●●○	造型餐 17

料理標示 Overview

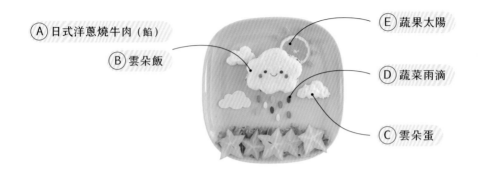

Ⓐ 日式洋蔥燒牛肉（餡）

Ⓑ 雲朵飯

Ⓔ 蔬果太陽

Ⓓ 蔬菜雨滴

Ⓒ 雲朵蛋

材料 Ingredient

Ⓐ 霜降牛肉片 ⋯ 70g
洋蔥絲 ⋯ 20g
調味料
醬油 ⋯ 1 又 1/2 小匙
糖（或味醂）⋯ 1/2 小匙
黑胡椒 ⋯ 少許

Ⓑ 白飯 ⋯ 140g
壽司海苔 ⋯ 1 小片（製作表情用）

Ⓒ 蛋白 ⋯ 1 顆
鹽 ⋯ 少許

Ⓓ 胡蘿蔔 ⋯ 少許
黃甜椒 ⋯ 少許
佛手瓜 ⋯ 少許
甜菜根汁漬白蘿蔔 ⋯ 1 片
（作法請參考 P.27）
鹽 ⋯ 1/8 匙

Ⓔ 黃甜椒 ⋯ 少許
柳橙 ⋯ 1 片

擺盤
莫札瑞拉起司片、綠捲葉生菜、
楊桃、美乃滋、番茄醬

造型工具
保鮮膜 / 小剪刀 / 電動打蛋器（或
食物調理機）/ 雲朵造型 & 橢圓形
壓模 / 水果刀 / 鑷子 / 圓筷

作法 How to make

(A) 日式洋蔥燒牛肉

1 鍋中倒少許油，開中火，放入洋蔥絲拌炒約
   30 秒，再放入牛肉片，鋪平煎至約八分熟、
   肉片幾乎完全變色後，轉小火。

   TIPS　牛肉片下鍋前先瀝乾多餘水分，炒出來的肉
   　　　片才會香。

2 加入醬油、糖，拌炒至牛肉片熟透並收汁即可
   關火，撒點黑胡椒增加香氣後盛出 。

(B) 雲朵飯

1 取一半白飯，用保鮮膜包起來，捏緊成橢圓形
   後稍微壓扁。

2 在圖稿的雲朵上放上步驟 1 的飯後，依照圖型
   捏出雲朵狀 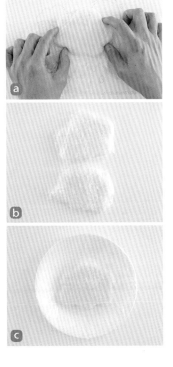，包保鮮膜備用。依照相同步驟
   再做出一朵，完成後稍微放涼、定型 b。

3 在平底鍋內抹少許油，用中小火將「雲朵飯」
   較平整的一面煎至淡金黃色 c。

4 用剪刀將海苔剪出雲朵的「眼睛」、「嘴巴」，
   放入密封盒避免受潮，備用。

C 雲朵蛋

1 用電動打蛋器,將蛋白以中高速打至有綿密小泡泡 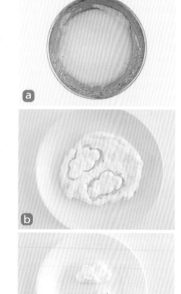。

2 在平底鍋內抹少許油,開小火稍微熱鍋後,鋪入蛋白,靜置煎到表面熟、底部金黃、輕壓有彈性時,關火取出,用壓模壓出兩朵雲 b。

> TIPS 沒有雲朵造型壓模,也可以在煎蛋白時,直接將蛋白整形成「雲朵」的形狀煎熟。

3 再將剩餘的蛋白加在「雲朵」上增加蓬度 c,撒鹽調味即可。

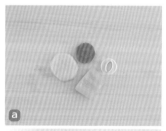

D 蔬菜雨滴 ＋ E 蔬果太陽

1 製作「雨滴」:將胡蘿蔔、黃色甜椒、佛手瓜表皮切成 0.5 公分厚的片狀 a,連同甜菜根漬白蘿蔔一起,用壓模壓出 9 個「雨滴」。 b

> TIPS 此處使用橢圓形的翻糖壓模,也可以選擇自己喜歡的形狀或用刀切。

2 製作「太陽」:以柳丁片當太陽,另取黃色甜椒片,用水果刀切出 6 個約 1 公分長、0.5 公分寬的小三角形,當成「陽光」。 c

3 平底鍋中加少許油,開中小火將切好的蔬菜(甜菜根漬蘿蔔除外)煎熟,加入鹽調味即可。

> TIPS 雨滴蔬菜也可以改成汆燙:備一鍋滾水,加入少許鹽、油,放入蔬菜燙熟。

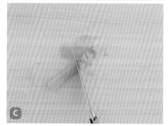

擺盤 Presentation

1　將Ⓐ夾在兩片Ⓑ雲朵飯間，做成「雲朵米漢堡」，和Ⓔ柳丁片一起擺入盤中。 **a**

2　用壓模將莫札瑞拉起司片壓出一片雲，和Ⓒ雲朵蛋一起擺入盤中。 **b**

3　盤子下方擺入生菜和楊桃片，再放入Ⓓ蔬菜雨滴、Ⓔ甜椒陽光。 **c**

4　用鑷子夾起海苔「眼睛」、「嘴巴」，沾少許美乃滋，黏到雲朵米漢堡上。 **d**

5　最後用圓筷沾番茄醬，畫上臉頰即可。 **e-f**

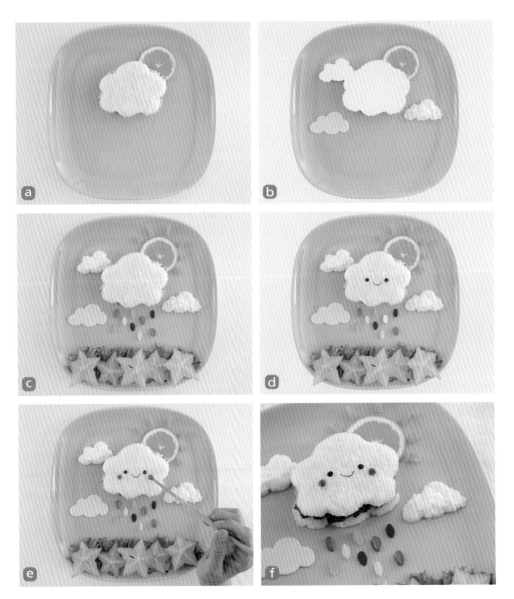

我最愛的冰淇淋
My favorite icecream
日式豬排麵

在美國上課對小小孩來說是件很幸福的事，
因為在上幼稚園的年紀都只有半天的課，
和同學一起享用午餐之後，就是快樂的放學時間。
下午陽光和煦的日子，我會帶小子 Z 到家附近騎車運動一圈。
有時經過附近冰淇淋小店，
在那戶外座位休息一下犒賞自己，也是生活中的小確幸。
這餐就用「清涼」營養的冰淇淋，緩解平日裡忙碌的身心靈吧！

難易度	魔法圖稿
●○○	造型餐 18

材料 Ingredient

(A) 豬里肌肉排 … 1 片（約 130g）
麵粉 … 1/8 杯
蛋液 … 1/2 顆
烤麵包粉 … 1/3 杯
　（作法請參考 P.27）
油 … 1 又 1/2 大匙
鹽 … 1/2 小匙
市售豬排醬 … 依喜好搭配食用

(B) 鵪鶉水煮蛋 … 2 顆
橘色胡蘿蔔 … 少許
小番茄 … 1 顆
壽司海苔 … 1 小片（製作表情用）

(C) 日本素麵 … 40g
甜菜根汁 … 2 又 1/2 大匙
　（作法請參考 P.27）
小番茄 … 1 顆
紫胡蘿蔔絲 … 1 根
鹽 … 少許

擺盤
高麗菜絲約 25g、美乃滋、
五色米菓

造型工具
槌肉器 / 水果刀 / 小剪刀 / 牙籤 /
鑷子 / 畫筆

料理標示 Overview

Ⓒ 冰淇淋素麵＋小番茄櫻桃

Ⓐ 氣炸豬排

Ⓑ 鵪鶉蛋雪人

作法 How to make

Ⓐ 氣炸豬排（可改用烤箱或中火油炸）

1　在豬里肌肉排的白色筋膜上劃幾刀斷筋，用槌肉器敲打成大約原來一半厚度後，兩面均勻抹鹽。

　　TIPS　斷筋可避免肉排遇熱後收縮捲曲。先敲打破壞纖維，可使口感更軟嫩。

2　將肉排兩面先沾薄薄一層麵粉，再均勻沾裹蛋液。

3　接著將炒麵包粉和油混勻，放入肉排輕壓沾裹，靜置 5 分鐘回潮。

　　TIPS　混合了油的麵包粉，能讓豬排表面氣炸均勻，且不需另外噴油。

4　氣炸鍋預熱至190℃後，將肉排放在氣炸鍋的烤架上，氣炸約 8 分鐘後翻面，轉 210℃，再氣炸 3 分鐘至熟透金黃。

5　取出氣炸好的肉排，切成長三角形（約 8.5x13x13 公分）備用。

Ⓑ 鵪鶉蛋雪人

1　胡蘿蔔切下尾端當「帽子」 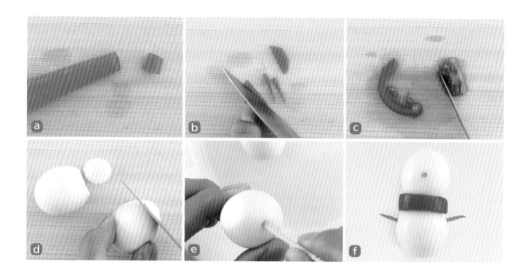ⓐ，切 3 個細長三角形當「鼻子」、「手」 ⓑ。

2　從小番茄中段切一圓片（寬約 0.75 公分），對切去籽當「圍巾」。 ⓒ

3　將 2 顆鵪鶉水煮蛋尖端切平，切面相連，做出雪人的「頭」和「身體」。 ⓓ

4　用牙籤在雪人身上戳洞，插入「鼻子」、「手」，裝上「圍巾」。 ⓔ-ⓕ

5　用小剪刀將海苔剪出雪人的「眼睛」、「嘴巴」，放入密封盒避免受潮。

Ⓒ 冰淇淋素麵＋小番茄櫻桃

1　煮一鍋滾水加鹽，放入素麵煮熟後，先泡冷水冰鎮再撈起、瀝乾。
　　TIPS　冰鎮能讓素麵不沾黏，擺盤過程中加少許冰水也有同樣效果。

2　將其中一半素麵拌入 2 大匙甜菜根汁，拌勻染成粉紅色。 ⓐ

3　製作小番茄櫻桃：用牙籤在小番茄頂端戳洞後，塞入紫蘿蔔絲當蒂頭。 ⓑ-ⓒ

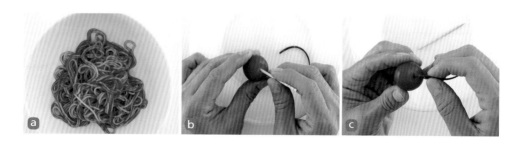

擺盤 Presentation

1　先將高麗菜絲鋪在盤子下方，左側放上Ⓐ氣炸豬排。 ⓐ

2　將Ⓒ的雙色素麵分別用筷子擺成捲捲冰淇淋狀，頂端放Ⓒ小番茄櫻桃。 ⓑ

　　TIPS　下方垂墜一些素麵條，可以表現出融化冰淇淋的感覺。

3　放入Ⓑ雪人，用美乃滋貼上海苔「眼睛」、「嘴巴」、「帽子」，並以紅色米
　　菓做出鈕扣。 ⓒ

　　TIPS　可以用畫筆沾剩餘甜菜根汁，在素麵上畫出不同深淺的層次會更好看。ⓓ

4　最後再依喜好撒入五色米菓點綴即
　　可。ⓔ

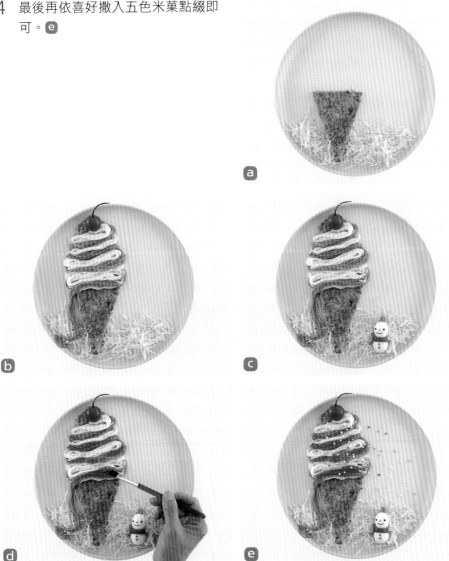

夢中小禮服

The dress of my dreams

雞肉法式達

在成為全職媽媽之前，我在服裝設計領域多年，

一直以為那是我終身的職業。

也因為想念那個能讓我發揮創造力的領域，

我將這股熱愛帶入了生活日常，促成了今天用食物創作的起源。

今天的餐盤不是為了小子 Z，而是獻給成為媽媽前的自己。

一起發揮想像力，創作自己的夢中小禮服，讓餐桌風景更有趣！

料理標示 Overview

Ⓑ 馬鈴薯衣架 & 裝飾蔬菜

Ⓐ 雞肉法式達（底層）

材料 Ingredient

Ⓐ
雞柳條 … 90g
洋蔥絲 … 20g
紅甜椒絲 … 10g
檸檬汁 … 1/8 小匙

醃料
乾燥奧勒岡 … 1/4 小匙
蒜末 … 1 大匙
油 … 1/2 小匙
孜然粉 … 1/8 小匙
香菜 … 少許
鹽、黑胡椒 … 少許

Ⓑ
綠色櫛瓜 … 1 段（約 7 公分）
蘆筍 … 1 支
花椰菜蕊 … 1 朵
馬鈴薯 … 1 小片（帶皮）
瑞士甜菜梗 … 1 根
鹽 … 適量

擺盤
白飯、菠菜墨西哥薄餅（25 公分
大小）、紫高麗芽菜苗、芝麻醬（或
竹炭粉水）

造型工具
烘焙紙 / 小剪刀 / 食物雕刻刀（或
水果刀）/ 削皮刀 / 保鮮膜 / 鑷子 /
牙籤

Note

- 此道料理很適合搭配市售莎莎醬和
  酸奶酪享用。
- Ⓑ的馬鈴薯可以換成吐司皮或豆乾；
  瑞士甜菜梗可以用紅蘿蔔絲代替。

146
—
147

作法 How to make

Ⓐ 雞肉法式達

1 將雞胸肉加入醃料，醃漬至少 60 分鐘或冷藏隔夜。

2 鍋中加少許油，開中火，放入洋蔥和紅甜椒，拌炒至洋蔥軟後起鍋備用。

3 同一鍋開中大火，將醃好的雞肉煎至兩面約九分熟，加入剛炒好洋蔥和紅甜椒，關火，滴入檸檬汁拌勻後起鍋。

Ⓑ 馬鈴薯衣架 & 裝飾蔬菜

1 將烘焙紙對照圖稿剪出衣架的形狀後，放在約 0.5 公分厚的帶皮馬鈴薯片上，切割出衣架。 a-b

2 用削皮刀將綠色櫛瓜段刨出約 8 長片 c ，並將蘆筍刨成長片後對切。 d-e
   TIPS 蘆筍較細，放在砧板邊緣會比較好使用刨刀。

3 煮一鍋滾水，加入少許鹽、食用油，放入所有蔬菜汆燙後，撈起瀝乾。

4 用水果刀將甜菜根梗切出約 12 公分的細長條 f ，綁成「蝴蝶結」。

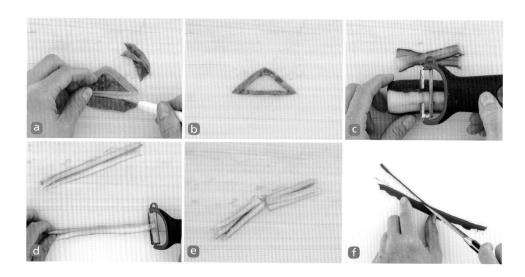

擺盤 Presentation

1 在保鮮膜上放適量白飯，對照圖稿捏出「上半身」後，包起備用。 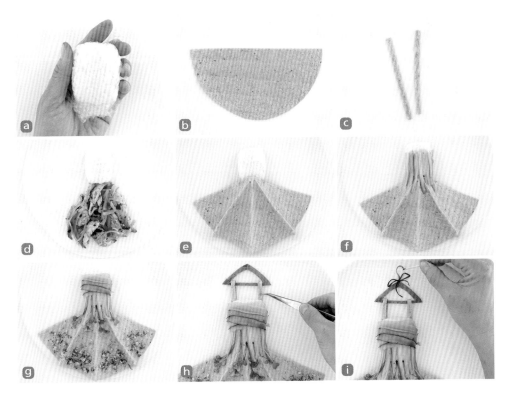 **a**

2 將菠菜墨西哥薄餅對切，用其中一半切割出 2 條約長 8 公分、寬 0.5 公分的「肩帶」。 **b-c**

3 將上半身的飯糰放入盤中，下方裙襬位置擺入Ⓐ雞肉法式達 **d**，再蓋上菠菜墨西哥薄餅，用手捏出 3 個皺摺 **e**。

4 依序用Ⓑ的蘆筍片、櫛瓜片、紫高麗芽菜苗、花椰菜蕊裝飾禮服。 **f-g**

5 將步驟 2 的薄餅肩帶先掛到Ⓑ馬鈴薯衣架上，再擺入盤中 **h**，最後擺上Ⓑ的蝴蝶結，用牙籤沾芝麻醬（或竹炭粉）畫上掛鉤。 **i**

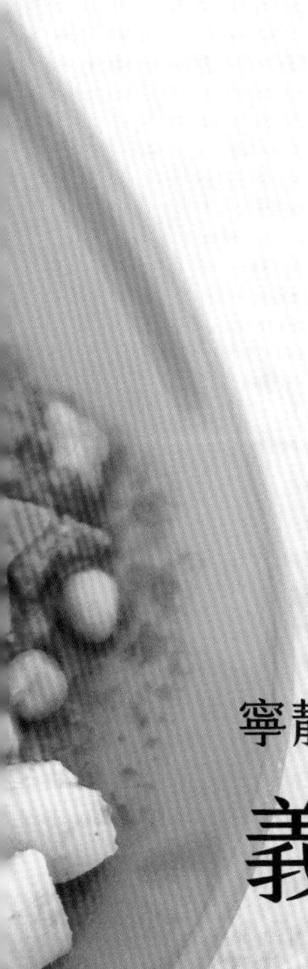

寧靜的夏天 Peaceful summer day

義大利肉醬麵

難易度
●●●

魔法圖稿
造型餐 20

　　剛從紐約搬到北加州的時候，因為生活步調的不同，調整了好一段時間，直到後來喜歡上這裡寬廣的海岸線。小子 Z 開始會走路以後，在溫暖的假日早晨，有時我們會去半月灣的沿岸小道散步。隨性地走進小沙灘探險，然後在當地的小咖啡廳戶外座位看海吃點心。回程的路上經過附近的漁港、逛逛小漁船的魚貨再回家。聽海的聲音可以讓心靈沉靜下來，你也愛海嗎？

料理標示 Overview

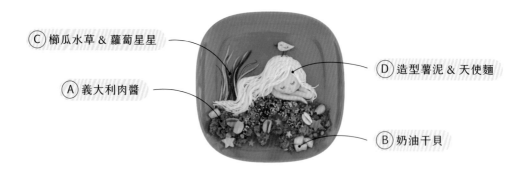

C 櫛瓜水草 & 蘿蔔星星

A 義大利肉醬

D 造型薯泥 & 天使麵

B 奶油干貝

材料 Ingredient

A 牛絞肉 … 110g
洋蔥丁 … 40g
蒜末 … 2 小匙
牛番茄丁 … 50g
牛肉高湯（或水）… 150cc
乾燥奧勒岡 … 適量
帕瑪森起司粉 … 2 小匙
番茄醬 … 2 小匙
番茄糊 … 1 小匙
鹽 … 適量
黑胡椒 … 少許

B 干貝 … 4 小顆
奶油 … 1 小匙
蒜頭鹽 … 少許

擺盤
三色藜麥（煮熟）、貝殼義大利麵
（煮熟）、美乃滋、甜菜根汁

C 綠色櫛瓜 … 半根
彩色胡蘿蔔（橘、黃、紫）
　　… 各少許
豌豆仁 … 4-5 顆
鹽 … 適量

D 奶油馬鈴薯泥 … 70g
（請參考 P.26 作法）
紫色胡蘿蔔 … 1 小段
天使義大利麵 … 20g
壽司海苔 … 1 小片（製作表情用）
橄欖油 … 1/2 小匙
番茄醬 … 1/4 小匙
蝶豆花粉 … 少許
鹽 … 少許

造型工具
水果刀 / 星形壓模 / 削皮刀 /
小剪刀 / 保鮮膜 / 翻糖雕刻刀 /
畫筆 / 鑷子

作法 How to make

(A) 義大利肉醬

1　鍋中放少許油，開大火，放入牛絞肉炒到出現香氣，加入蒜末和洋蔥丁。

2　拌炒到洋蔥呈半透明時，加入番茄醬和番茄糊炒香，再加入牛番茄丁、牛肉高湯（或水），沸騰後轉小火，蓋鍋蓋續煮 15 分鐘。

3　最後拌入乾燥奧勒岡、帕瑪森起司粉、鹽、黑胡椒調味即可（有時間的話可以蓋鍋蓋燜 15 分鐘，會更入味）。

　　TIPS　義大利肉醬做好後放隔夜更好吃，也可以一次多做一點分裝冷凍。

(B) 奶油干貝

1　冷鍋放入奶油，開中小火，等鍋子微熱後，放入擦乾的干貝，煎至約一半變色後翻面再煎至熟透，關火，撒上蒜頭鹽調味。

(C) 櫛瓜水草 & 蘿蔔星星

1　將橘色、黃色胡蘿蔔切薄片，用星形壓模壓出不同大小的星星。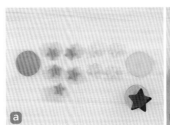

2　用削皮刀將綠色櫛瓜的外皮刨出一些絲，當成水草。

3　煮一鍋水加少許鹽和油，放入所有蔬菜汆燙後撈起備用。

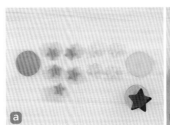

Ⓓ 造型薯泥 & 天使麵

1　將 65g 的奶油馬鈴薯泥和 1/4 小匙的番茄醬拌勻，分成 50g、15g 後，分別用保鮮膜包裹，對照圖稿捏出小女孩的「頭」和「手」。 ⓐ

2　另取 5g 奶油馬鈴薯泥拌入少許蝶豆花粉，用保鮮膜包起後，對照圖稿捏出「小鳥」。ⓑ

3　取一鍋滾水加少許鹽，放入天使義大利麵，燙熟後撈起、瀝乾，拌入橄欖油。

4　將紫色胡蘿蔔切一薄片，再切出 2 條約 1.5 公分的細絲當「鳥腳」，以及約 1 公分長的三角形當「鳥嘴」。ⓒ

5　用小剪刀將海苔剪出「小女孩的五官」和「小鳥的翅膀和眼睛」的五官及翅膀，放入密封盒避免受潮。

頭
手
手
ⓐ
ⓑ
ⓒ

擺盤 Presentation

1　在盤中擺入Ⓓ的薯泥「頭」和「手」，用雕刻刀和畫筆沾水稍微整形。ⓐ

2　接著用筷子夾Ⓓ的天使麵，做出小女孩的頭髮。ⓑ

　　TIPS　擺放頭髮時，先在頭上抓出「髮旋」的位置，再從髮旋往下延伸擺放，就能擺得自然又漂亮。

3　依序將Ⓐ義大利肉醬、Ⓑ奶油干貝、Ⓒ櫛瓜水草、蘿蔔星星、豌豆仁擺入盤中，再於肉醬上方放入三色藜麥當沙灘。ⓒ

4　用鑷子夾Ⓓ的海苔五官，沾少許美乃滋貼到小女孩臉上後，再用畫筆沾甜菜根汁，畫出紅色臉頰。並在肉醬上隨意點綴貝殼麵。ⓓ

5　將Ⓓ的小鳥薯泥用鑷子和美乃滋貼上海苔翅膀和眼睛，再插入紫蘿蔔腳和嘴巴後，放入盤中就完成了。ⓔ-ⓕ

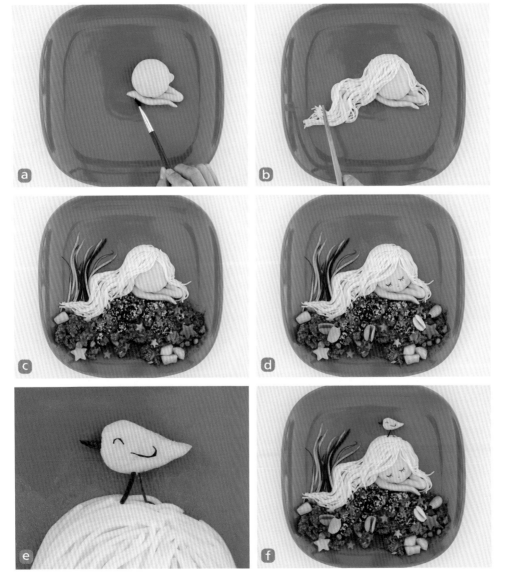

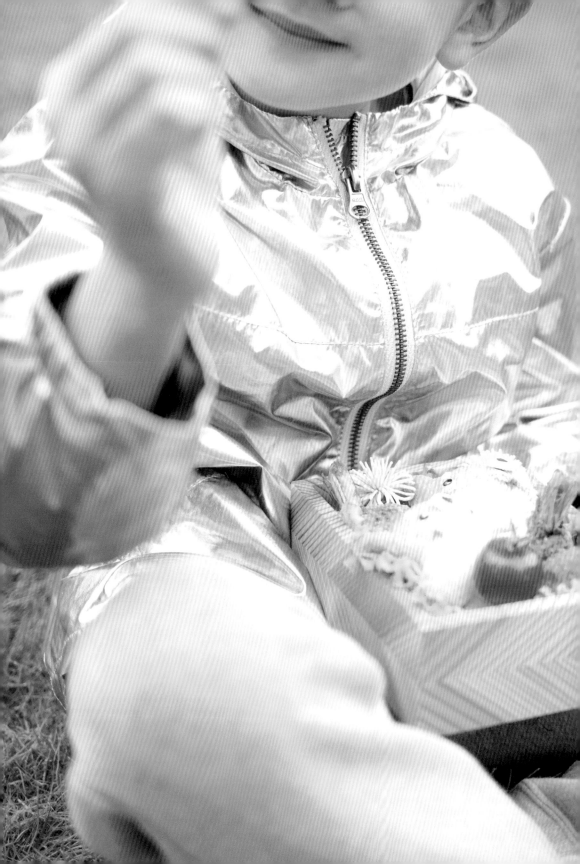

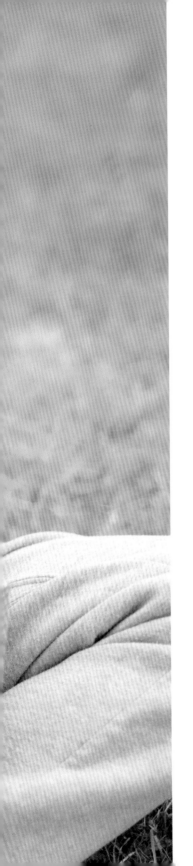

Chapter
3

給寶貝滿分的
營養美味！

魔法便當

海豹寶寶 Seal baby
鮪魚口袋三明治

　　我們一家常常在北加州海岸線上遊蕩，而那裡靠近半月彎的地方有一個隱密的沙灘，我們在那裡散步時會遇到小海獺們。海獺們會悠哉的躺在水面上來整理它們的毛髮維持漂浮的力量，好讓自己可以心無旁鶩的享受悠閒時光，絲毫不畏懼在旁做日光浴的遊客。那個人和動物和平共處的景象，是我覺得加州最美的風景。今天做個適合帶去野餐的便當，天氣好的時候，也跟孩子一起去享受大自然吧！

難易度　　｜　魔法圖稿
●○○　　｜　便當1

料理標示 Overview

Ⓑ 章魚熱狗

Ⓒ 愛心玉子燒

Ⓓ 裝飾蔬菜

Ⓐ 鮪魚沙拉口袋三明治

材料 Ingredient

Ⓐ
吐司 … 4 片
壽司海苔 … 1 小片（製作表情用）
美乃滋 … 少許（沾黏用）

鮪魚沙拉
鮪魚罐頭 … 1 個（含水分約 62g）
玉米粒（冷凍）… 15g
◎若使用生玉米粒要先燙熟。
芹菜末 … 10g
洋蔥末 … 10g
美乃滋 … 2 大匙
鹽 … 1/4 小匙
黑胡椒 … 少許

Ⓑ
熱狗 … 半根（或小熱狗 1 根）
壽司海苔 … 1 小片（製作表情用）
莫札瑞拉起司片 … 1 小片
美乃滋 … 少許

Ⓒ
蛋 … 2 顆
紅蘿蔔絲 … 15g
綠色花椰菜蕊 … 5g
美乃滋 … 少許
鹽、糖 … 各 1/2 小匙

Ⓓ
綠色花椰菜 … 3 朵
玉米粒 … 4 粒
毛豆 … 6 粒
小番茄 … 5 顆
鹽 … 少許

擺盤
捲葉生菜、美乃滋

造型工具
篩網 / 馬克杯（圓形、杯緣厚的為佳）/ 圓形壓模（或粗吸管）/ 小剪刀 / 鑷子 / 水果刀 / 小吸管 / 玉子燒鍋 / 造型叉 / 防油紙

作法 How to make

Ⓐ 鮪魚沙拉口袋三明治

1　罐頭鮪魚用湯匙壓碎、用篩網瀝乾後，倒入碗中，加入其他鮪魚沙拉的材料
　　拌勻，冷藏 30 分鐘，完成鮪魚沙拉。

2　取一片吐司，用馬克杯在上面壓一個圓當標記（不壓斷），在圓的中間放約
　　1/3 量的鮪魚沙拉後，蓋上另一片土司，再次用杯緣下壓，將吐司壓斷，做
　　出圓形口袋三明治 a-b 。

3　用刀背輔助分離吐司和杯緣 c-d 。重複同樣步驟，做出另一個口袋三明治。
　　剩餘的吐司再用圓形壓模壓出 4 個圓形當「手」 e 。

4　用小剪刀將海苔剪出海豹的「五官」，用鑷子夾起後沾一點點美乃滋，黏到
　　口袋三明治上 f 。

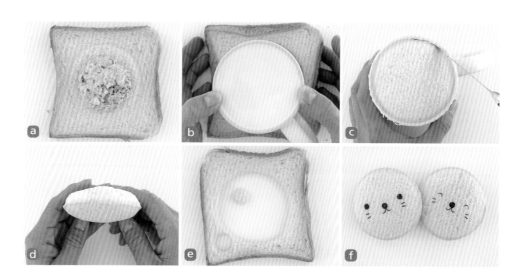

Ⓑ 章魚熱狗

1　將半根熱狗先直向切出十字 ⓐ，再用小剪刀分別再剪一道，做出 8 隻章魚腳 ⓑ。放入加少許油的平底鍋中，中火將熱狗煎至章魚腳分開 ⓒ。

2　用海苔剪出章魚的「眼睛」、「嘴巴」ⓓ。「眼睛」用鑷子夾起後，沾少許美乃滋黏到章魚上。

3　取一片莫札瑞拉起司片，用小吸管壓一小圓片，再用同一支吸管在小章魚上戳一小圓孔 ⓔ，嵌入起司圓片，再貼上剪好的海苔「嘴巴」ⓕ。

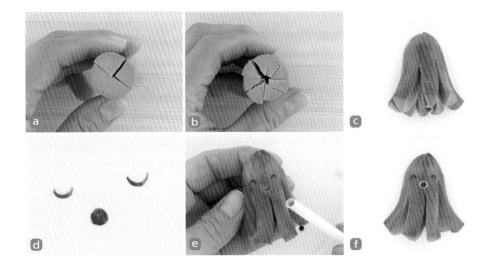

C 愛心玉子燒

1 兩顆蛋液加鹽、糖，打散到沒有蛋筋的程度後，用篩網過濾兩次，加入紅蘿蔔絲、綠色花椰菜蕊拌勻，再靜置 5 分鐘，讓蛋液裡的小泡泡消掉。

2 在玉子燒鍋中倒少許油，開中小火，先倒入一半的蛋液，待蛋液開始凝固時，用鍋鏟和筷子從其中一端慢慢捲起 a。接著再下另一半蛋液，捲成更厚的玉子燒，煎至熟透後取出。

3 將玉子燒放涼，切成約 1.5 公分厚片狀，取其中兩片以 45 度角對切 b，翻轉其中一半後連接成愛心形狀，切面沾點美乃滋幫助黏合 c。

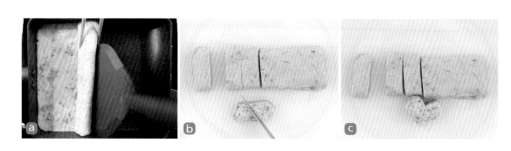

D 裝飾蔬菜

1 煮一鍋滾水加點鹽和油，將綠色花椰菜、玉米粒和毛豆汆燙後撈起。

2 用造型小叉子將玉米粒和毛豆交錯串成 2 串。

3 將小番茄以 45 度角對切，其中一半翻轉後與另一半連接成愛心形狀 a-b，以小叉子固定（剩餘 4 顆小番茄留待擺盤使用）。

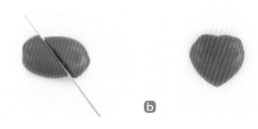

擺盤 Presentation

1 將捲葉生菜沿著便當周圍鋪一圈，放入Ⓒ玉子燒、小番茄、綠色花椰菜。  **a**

2 墊一張防油紙後放入Ⓐ鮪魚沙拉口袋三明治，將小海豹的「手」沾少許美乃滋，卡入便當盒和三明治之間，再放入Ⓑ章魚熱狗。 **b**

3 放入以小叉子固定好的Ⓓ心形小番茄及蔬菜串就完成了。 **c**

我是小獅王 I am a little lion king
花枝蝦排堡

有一陣子小子 Z 喜歡將人比喻成各種動物，
他說自己是愛香蕉的猴子，爸爸是很高的長頸鹿，
而當我問他那媽媽是什麼動物，他有點遲疑地回答說是獅子。
至於是什麼原因，就讓我們不用再追究下去了……
哈哈！我想是因為獅子是萬獸之王，而他也最愛獅子吧！
這餐用可愛的獅子陪伴，一起野餐去！

料理標示 Overview

A 花枝蝦排＋
　洋蔥炒蘑菇

B 獅王漢堡

C 小獅子玉米

材料 Ingredient

A 市售花枝蝦漿 … 100g
　麵包粉 … 2 大匙
　洋蔥（切絲）… 15g
　蘑菇（切片）… 1 朵
　鹽、黑胡椒 … 適量

B 漢堡麵包 … 1 又 1/2 個
　蛋皮 … 2 顆蛋的量（參考 P.75 作法）
　莫札瑞拉起司片 … 1/4 片
　壽司海苔 … 1 小片（製作表情用）
　切達起司片 … 1 片
　番茄醬 … 適量

C 熟玉米 … 1/3 根
　莫札瑞拉起司片 … 1/4 片
　壽司海苔 … 1 小片（製作表情用）

難易度　│　魔法圖稿
●○○　│　便當 2

擺盤
細關廟麵 2 小段（用低溫 90℃烘烤約 5 分鐘至熟透、有脆度）、
捲葉生菜、水果（草莓、綠葡萄）、美乃滋

造型工具
小剪刀 / 圓形壓模 / 小圓壓模 / 防油紙 / 鑷子

作法 How to make

Ⓐ 花枝蝦排＋洋蔥炒蘑菇

1　將花枝蝦漿捏圓後壓扁成漢堡排形狀，均勻沾麵包粉後靜置 5 分鐘反潮。
　　TIPS　透過回潮讓麵包粉接觸空氣中的濕氣後，較不容易脫落。

2　平底鍋中加稍微多一點的油，開中火，將花枝蝦排半煎炸至兩面金黃備用。

3　用同一平底鍋，中火將洋蔥絲和蘑菇片拌炒至洋蔥半透明，再加鹽和黑胡椒
　　調味即可。

Ⓑ 獅王漢堡　＋　Ⓒ 小獅子玉米

1　準備一張蛋皮，剪成比漢堡麵包大 2 公分的圓 ⓐ，沿著周圍以約 0.5 公分的
　　間隔，剪出一條條長 1 公分左右的切口 ⓑ。

2　取另一片漢堡麵包上片，用手稍微壓扁後，用圓形壓模壓出 2 個圓。接著用
　　小一點的圓形壓模將 1/4 片莫札瑞拉起司壓成 2 個小圓，做成「耳朵內側」
　　ⓒ-ⓔ。

3　取一段熟玉米和 1/4 片莫札瑞拉起司，用圓形壓模將起司壓出 1 片和玉米梗
　　差不多大小的圓。

4　用海苔剪出獅王和小獅子的「五官」，放置密封盒避免受潮 ⓕ。

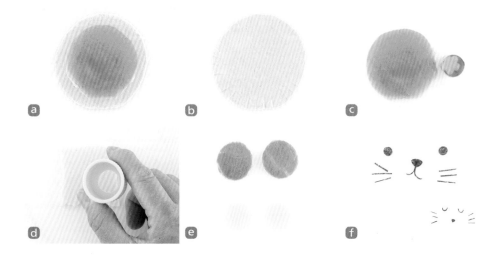

擺盤 Presentation

1　依序在漢堡麵包下片上疊放Ⓐ花枝蝦排、洋蔥炒蘑菇、切達起司片、Ⓑ的蛋皮，接著用烤過的細麵插入Ⓑ的麵包耳朵，再斜插進漢堡餡中，擠點番茄醬後蓋上漢堡麵包上片 a-c 。

　　TIPS　以烤乾的細關廟麵代替竹籤連接，硬度較低，不怕小朋友誤食。

2　在便當盒內墊一張防油紙，鋪入捲葉生菜後，再放上步驟 1。 d

　　TIPS　用生菜在漢堡下方鋪成一圈，可以防止漢堡在便當內滑動。

3　接著放入Ⓒ的熟玉米＋起司片，縫隙處放綠葡萄和草莓 e 。

4　將Ⓑ的起司片「耳朵內側」放到獅王耳朵上。接著用鑷子夾海苔「五官」，沾點美乃滋黏到獅王漢堡、小獅子玉米臉上，再用鑷子尖端沾美乃滋，點在眼睛和鼻子上做出亮點即完成 f 。

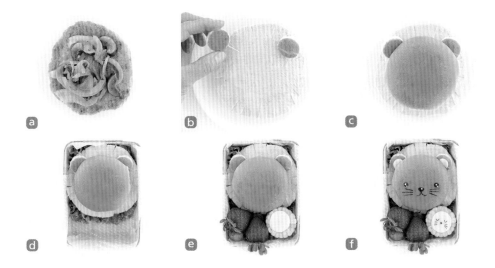

a　b　c
d　e　f

Ⓐ 紅燒肉（餡）

Ⓑ 貓熊刈包

Ⓒ 花椰菜竹輪
　 & 裝飾蔬果

貓熊的樂園 Panda's playground

紅燒肉刈包

難易度　　魔法圖稿
●○○　　便當 3

　　你知道小孩剛出生三個月內，視力只能分辨黑白分明的事物嗎？在小子 Z 出生後，我發現幫他先準備好的小清新玩具他都看不上眼，後來才知道為什麼玩具都是色彩鮮明的居多。在認識動物的卡片裡頭，有著黑白分明、可愛圓臉的貓熊就是他第一個認識的動物，因此做了這個貓熊給他。利用現成的刈包，也可以「玩」出不同的變化喔！

材料 Ingredient

Ⓐ
五花肉 … 80g
青蒜 … 1 支
薑片 … 2 片
八角 … 1 顆
桂皮 … 1 小段（約 3 公分）

調味料
黑糖 … 1/2 小匙
米酒 … 1 小匙（可省略）
醬油 … 2 又 1/2 小匙
蠔油 … 1/2 小匙
水 … 適量

Ⓑ
刈包 … 1 又 1/2 個
莫札瑞拉起司片 … 1/4 片
壽司海苔 … 1 大片（製作表情用）
美乃滋 … 少許

Ⓒ
奇異果 … 1 顆
竹輪 … 1 根
綠色花椰菜 … 2 朵
鹽 … 少許

擺盤
綠葡萄、小番茄、蝴蝶義大利麵
（煮熟）、捲葉生菜、甜的碎核桃、
五色米菓、美乃滋、番茄醬、細
關廟麵 2 小段（用低溫 90℃烘烤約
5 分鐘至熟透、有脆度）

造型工具
小剪刀 / 鑷子 / 圓形壓模 / 小圓壓
模 / 食物雕刻刀 / 圓筷 / 防油紙

作法 How to make

Ⓐ 紅燒肉

1　五花肉切成約 1.5 公分厚的塊狀，放入滾水中以小火氽燙至表面變色、逼出
血水後，撈起瀝乾。青蒜切段備用。

2　用乾鍋中火煎五花肉，煎到香氣逸出並逼出油後，倒入米酒嗆鍋，再加黑糖
拌炒至稍微融化，加入青蒜、薑片、八角、桂皮，持續拌炒出香氣。
　　TIPS　因為肉量不多，若逼出的油不夠，可視情況再加少許油。

3　加入醬油、蠔油和水至蓋過食材，待水滾後轉小火，蓋鍋蓋燜煮約 40 分鐘
至五花肉軟嫩。

B 貓熊刈包

1 對照圖稿，用海苔剪出貓熊的「眼圈」、「眼」、「鼻子」、「嘴巴」，放入密封盒。 a

2 用小圓壓模將莫札瑞拉起司片壓出 2 個圓，當「眼白」 b 。

3 取半個刈包，用圓形壓模壓出一個圓，其中一面塗美乃滋後貼上海苔，沿著刈包圓片將海苔剪成同樣大小的圓後對切，完成「耳朵」 c-e 。

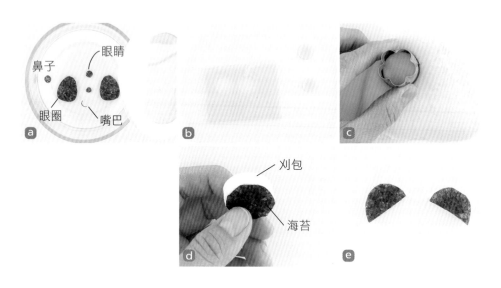

C 花椰菜竹輪 & 裝飾蔬果

1 奇異果切去頭、尾，用雕刻刀在中間刻一圈 V 字花紋、分成兩半 a-b 。

2 將竹輪切段（同便當盒的高度），和綠色花椰菜一起汆燙（水中加少許鹽、油）後，再組合在一起 c 。

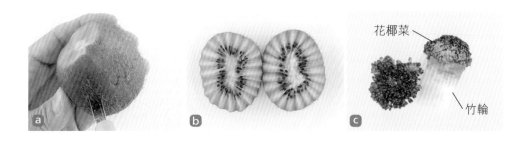

擺盤 Presentation

1 先將防油紙鋪在便當盒底，放入捲葉生菜。將Ⓑ的刈包夾入Ⓐ紅燒肉、碎核桃，放到生菜上方。 a

2 用鑷子夾Ⓑ的海苔「五官」、起司眼白，沾美乃滋貼到刈包上，再用烤過的細關廟麵連結耳朵和臉 b-c 。

3 下方空間依序擺入Ⓒ花椰菜竹輪、奇異果、綠葡萄和小番茄。 d

4 最後在花椰菜上撒五色米菓，貓熊頭上放一個蝴蝶義大利麵裝飾。再用圓筷沾美乃滋在眼睛上點出亮點，沾番茄醬點出紅紅臉頰就完成了 e 。

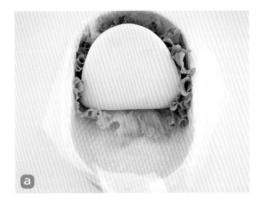

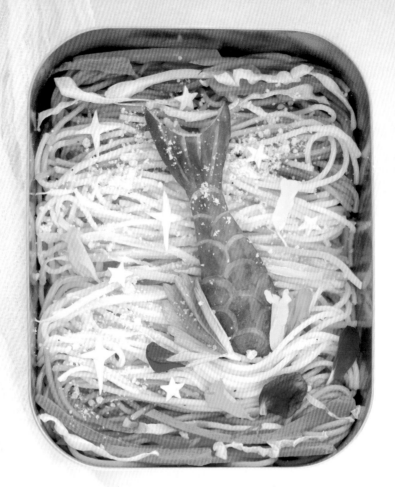

勇往直前
Be a mermaid, make some waves

美人魚鮮蝦麵

你們看過安徒生童話故事的人魚公主嗎？
小美人魚渴望變成人類，願意用自己的聲音和美好的生活來交換。
雖說這是個虛幻的童話，但是人魚為了夢想前進的勇氣，很激勵人心。
因為喜歡這個寓意，做了這個便當給當時正在學校適應期的小子 Z。
鼓勵他也順便提醒自己，在充滿驚喜的人生中，
時時要有如人魚般勇敢不畏懼的力量。

難易度 │ 魔法圖稿
●○○ │ 便當 4

料理標示 Overview

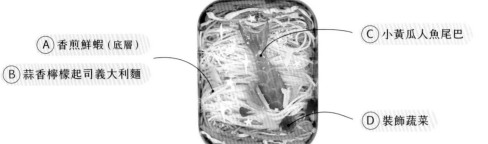

Ⓐ 香煎鮮蝦（底層）

Ⓑ 蒜香檸檬起司義大利麵

Ⓒ 小黃瓜人魚尾巴

Ⓓ 裝飾蔬菜

材料 Ingredient

Ⓐ
蝦仁 … 80g
蒜末 … 1/2 小匙
義大利綜合香料鹽 … 少許

Ⓑ
天使義大利麵 … 40g
橄欖油 … 1 又 3/4 小匙
蒜末 … 1 又 1/2 小匙
帕瑪森起司粉 … 4 小匙
甜菜根汁 … 2 大匙
（作法請參考 P.27）
檸檬汁 … 1/4 小匙
鹽、黑胡椒 … 適量

Ⓒ 小黃瓜 … 1 條

Ⓓ
花椰菜梗 … 10g
（去掉外層較硬的皮）
胡蘿蔔 … 10g
高麗菜 … 5g
蒜頭鹽 … 少許

擺盤
食用花、烤餛飩皮（星星）
◎將餛飩皮剪成星星，用烤箱烘烤或
氣炸至酥脆即可，參考 P.27。

造型工具
水果刀 / 烘焙紙 / 食物雕刻刀

作法 How to make

Ⓐ 香煎鮮蝦

1　將蝦仁去腸泥、洗淨，表面擦乾備用。

2　冷鍋倒入橄欖油，開中火，放入蒜末炒香再放蝦子，煎至兩面金黃，關火撒上綜合香料鹽。

Ⓑ 蒜香檸檬起司義大利麵

1 準備一鍋滾水、加少許鹽,放入天使義大利麵煮熟後,撈起瀝乾,取約 1/4 的量拌甜菜根汁染色後,拌入 1/4 小匙橄欖油備用。

2 冷鍋放入剩餘的橄欖油後開小火,炒香蒜末,再放入剩餘無染色的麵、鹽、黑胡椒和 3 小匙帕瑪森起司粉,拌炒後關火,加入檸檬汁稍微拌勻。

   TIPS 剩餘的 1 小匙帕瑪森起司在盛入便當盒時使用。

Ⓒ 小黃瓜人魚尾巴 ＋ Ⓓ 裝飾蔬菜

1 小黃瓜直向對切,用湯匙挖掉中心的籽和囊 ⓐ,接著以水果刀在內側交叉劃刀 ⓑ。

   TIPS 透過在內側劃刀,可以讓小黃瓜的表面更好展開。

2 取一張烘焙紙,對照圖稿剪出美人魚尾,再放到小黃瓜皮上對照切割出形狀 ⓒ,接著用雕刻刀在表皮上刻出鱗片、魚尾紋路 ⓓ-ⓔ。

   TIPS 我是先用圓弧雕刻刀刻出鱗片,再以直的雕刻刀刻出魚尾。

3 胡蘿蔔去皮、切細絲。去外皮的花椰菜梗、高麗菜切細絲 ⓕ,分別加少許油清炒,並以蒜頭鹽調味。

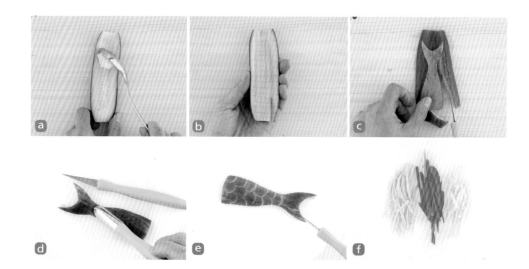

擺盤 Presentation

1　將Ⓐ香煎鮮蝦放入便當盒底。 a

2　擺入Ⓑ蒜香檸檬起司義大利麵，將沒有染色的麵放在中間，上下兩邊放染成粉紅的麵，再用筷子將邊界稍微交錯，做出漸層效果。 b

3　擺入Ⓓ裝飾蔬菜，花椰菜梗放中間，胡蘿蔔絲和高麗菜絲分別擺在便當盒上下兩邊 c ，再插入Ⓒ小黃瓜人魚尾巴。 d

4　最後撒上 1 小匙帕瑪森起司粉、放入烤餛飩皮星星和食用花裝飾即可。 e

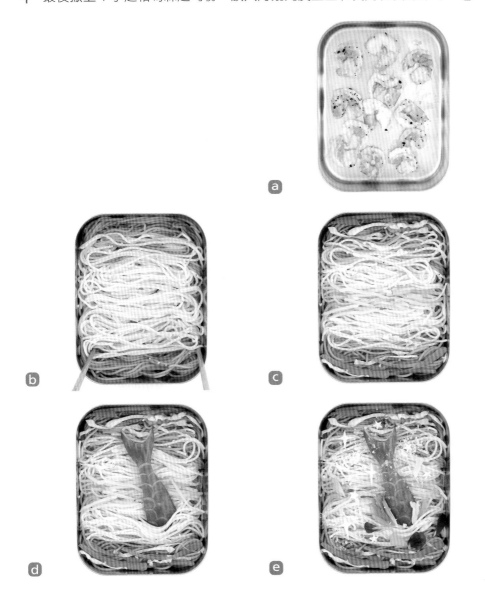

帝王斑蝶的神秘森林
In the enchanted forest of
monarch butterflies

蝴蝶雞肉咖哩

難易度　｜　魔法圖稿
●●○　｜　便當 5

　　住在北加州的時候，小子 Z 幾乎每個月都要去舊金山動物園看他的動物朋友。在那邊的昆蟲館不遠處，有一排可以讓大家化身為昆蟲和動物的大海報，而 Z 每回都會要求變成帝王斑蝶。因為大自然變化的關係，很多昆蟲和動物的生態也跟著改變，帝王斑蝶也是瀕臨滅絕的生物之一。因為如此，我做了帝王斑蝶便當，希望 Z 一直都有牠的陪伴。

料理標示 Overview

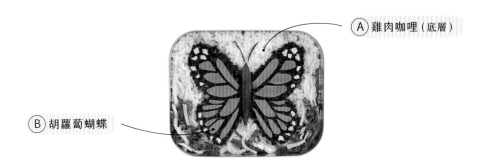

Ⓐ 雞肉咖哩（底層）

Ⓑ 胡蘿蔔蝴蝶

材料 Ingredient

Ⓐ 雞腿排 … 100g
洋蔥 … 30g
胡蘿蔔 … 50g
馬鈴薯 … 40g
調味料
無鹽雞湯（或水）200ml
咖哩塊 … 1 塊（20g）
鹽、黑胡椒 … 各少許

擺盤
白飯、紫米飯、烤餛飩皮（作法請參考 P.27）、市售綜合生菜

Ⓑ 胡蘿蔔（橘、紅、紫）… 各適量
鹽 … 1/4 匙

造型工具
烘焙紙 / 小剪刀 / 水果刀 / 削皮刀

作法 How to make

Ⓐ 雞肉咖哩

1　將所有材料切小塊，備用。

2　平底鍋中加少許油，開中火，將雞肉表面擦乾再下鍋，煎至一面金黃後翻面，加入洋蔥、胡蘿蔔，拌炒至洋蔥變半透明。

3　接著加入馬鈴薯和雞湯，煮滾後轉中小火，蓋鍋蓋，繼續燉煮約 10 分鐘至馬鈴薯熟透。

4　最後加入咖哩塊拌融至醬汁濃稠，依口味加鹽、黑胡椒調味即可。

Ⓑ 胡蘿蔔蝴蝶

1　將烘焙紙對照圖稿，剪出蝴蝶斑紋的形狀。 ⓐ

2　將橘色和紅色胡蘿蔔削成薄片，將步驟 1 的烘焙紙放上去對照，切割出「蝴蝶斑紋」 ⓑ-ⓓ。

3　利用紫色胡蘿蔔的尾端，對照圖稿切割成「蝴蝶身體」，並切下兩根約 3 公分的細長條當「觸鬚」 ⓔ-ⓕ。

4　煮一鍋滾水加少許鹽、食用油，快速汆燙過所有蔬菜後撈起、瀝乾。

　　TIPS　如果使用的是可生食的有機胡蘿蔔，可以略過此步驟。

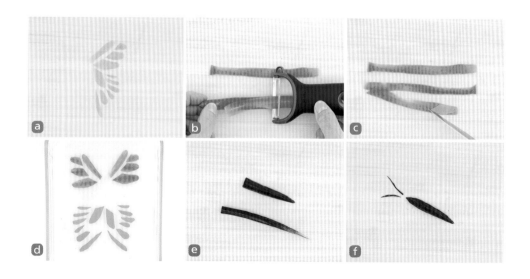

擺盤 Presentation

1 將Ⓐ雞肉咖哩放入便當盒中 ，中間放入剪成蝴蝶圖形的烘焙紙 ，周圍鋪滿白飯 。

2 接著取出烘焙紙，在蝴蝶的空位擺入紫米飯，用湯匙稍微整平。

3 依序在紫米飯上擺放Ⓑ的「蝴蝶斑紋」、「身體」、「觸鬚」，取一小片烤餛飩皮剝碎，隨意擺在翅膀邊緣當花紋。

4 最後在便當下方擺放切絲或小塊的綜合生菜，做出配色就完成了。

星夜 Starry night
無水番茄牛肉飯

難易度 ●●○ ｜ 魔法圖稿 便當 6

在美國遇到台灣的節日時，就會特別想念家鄉，每當這時候，我習慣在安靜的夜晚，望著我們共同擁有的星空。農曆年前，我做了這個帶著思念的便當給小子 Z，裡面裝的是他很愛的「一鍋料理」無水番茄燉牛肉。因為這道料理作法簡單加上隔夜更入味，也因此成為我家的常備料理之一。今天就跟著無辜的貓咪一起仰望天際吧～

料理標示 Overview

Ⓐ 無水番茄燉牛肉

Ⓒ 裝飾蔬菜 & 魚板

Ⓑ 貓咪飯糰

材料 Ingredient

Ⓐ 牛肩胛肉（或牛肋條）… 110g
牛番茄 … 1 顆（約 100g）
洋蔥 … 40g
紅蘿蔔 … 20g
月桂葉 … 1 片
番茄糊 … 1 小匙
蒜末 … 2 小匙
太白粉 … 1/4 小匙
鹽 … 1/2 小匙
黑胡椒 … 少許

Ⓑ 白飯 … 120g
壽司海苔 … 1 小片（製作表情用）

Ⓒ 黃色櫛瓜 … 半條
綠色花椰菜 … 3-4 朵
紫色花椰菜 … 2 朵
紅白魚板 … 1 小片
（約 1.5 公分厚度）
鹽 … 1/4 小匙

擺盤
美乃滋、乾辣椒絲、甜菜根汁、
白色米菓

造型工具
保鮮膜 / 小剪刀 / 烘焙紙（依需求
使用）/ 水果刀 / 鑷子 / 愛心 & 星
星壓模 / 畫筆

作法 How to make

Ⓐ 無水番茄燉牛肉

1 將牛肉、牛番茄、洋蔥、紅蘿蔔都切成塊狀。牛肉塊沾裹薄薄太白粉。

2 平底鍋中加少許油，開中火，將牛肉兩面煎出香氣後，加入洋蔥、蒜末、番
茄糊、鹽和黑胡椒，拌炒至洋蔥半透明，關火。

3 將步驟 2 全部倒入快鍋中，再加入牛番茄、紅蘿蔔、月桂葉，使用燉肉功能
煮 20 分鐘，等自動洩氣再打開鍋蓋，視口味再加鹽和黑胡椒調味。

TIPS　也可以用燉鍋替代快鍋，蓋鍋蓋小火燉煮約 30 分鐘至牛肉軟嫩。

Ⓑ 貓咪飯糰

1　對照圖稿，用保鮮膜包約 60g 白飯，捏出貓咪的頭。再用相同方式分別捏出貓咪「耳朵（做 2 個，各約 3g）」、「腳（做 2 個，各約 6g）」後，包著保鮮膜備用。 ⓐ

　　TIPS　剩餘的白飯留到擺入便當時使用。

2　用小剪刀將海苔剪出貓咪的「五官」、「腳爪」，放置密封盒避免受潮。

Ⓒ 裝飾蔬菜 & 魚板

1　將黃色櫛瓜切下兩片約 0.5 公分厚度的表皮，其中一片用刀切成月亮，另一片用不同大小的星星壓模壓出星星。 ⓐ-ⓒ

　　TIPS　可以先用烘焙紙描出月亮形狀，再對照切割。

2　將紅白魚板的白色和紅色切分開來，紅色用愛心壓模壓出兩個愛心，白色用星星壓模壓出不同大小的星星。 ⓓ-ⓕ

3　煮一鍋滾水，加一點鹽和食用油，快速汆燙過魚板、櫛瓜、綠色花椰菜後撈起，再燙紫色花椰菜。

　　TIPS　紫色花椰菜要最後汆燙，避免染色。

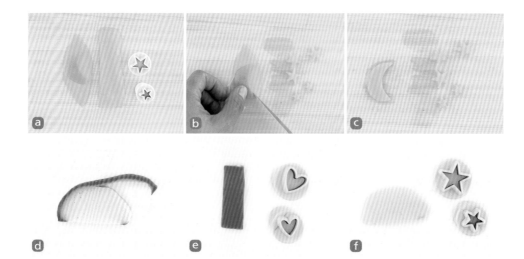

擺盤 Presentation

1　將便當盒直放，用Ⓑ剩餘的白飯鋪滿便當盒下方約 1/3，其餘鋪滿Ⓐ無水番茄燉牛肉。 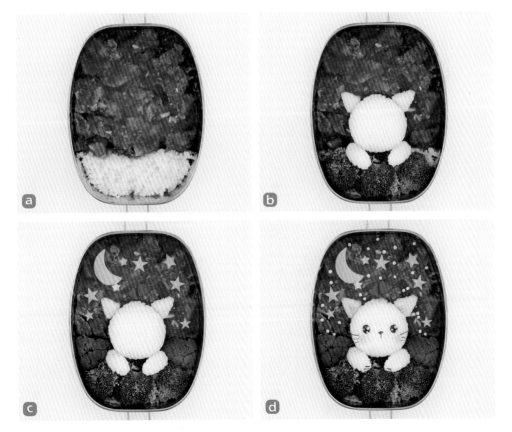 a

2　將Ⓒ的綠色花椰菜放在飯上，接著在上方擺放組合Ⓑ的各部位貓咪飯糰。 b

3　在貓咪周圍放入Ⓒ的紫色花椰菜、月亮、星星、愛心 c。

4　用鑷子夾Ⓑ的海苔「五官」、「腳爪」，沾點美乃滋貼到貓咪飯糰上，臉上插入小段乾辣椒絲當「鬍鬚」，再用畫筆沾甜菜根汁畫出「耳朵內側」和「臉頰」，用鑷子尖端沾一點美乃滋在眼睛上點出小亮點後，撒上白色米菓裝飾天空。 d

晚安月亮 Goodnight Moon
兔子麻婆豆腐飯

難易度｜魔法圖稿
●●○｜便當 7

　　"Goodnight stars, goodnight air, goodnight noises everywhere" -- Margaret Wise Brown.《晚安，月亮》這本古老的床邊故事書，小子 Z 還在牙牙學語時就很喜歡。故事敘述在月光下，一隻小小兔房間裡的各種小物，雖然句子簡單，但運用了押韻，英文唸起來格外有意思。重點是 Z 可以安靜一段時間研究裡面的東西，他從這本書中學到很多英文單字，睡前看著看著，和書中的小小兔一起說晚安，一起進入夢鄉。

料理標示 Overview

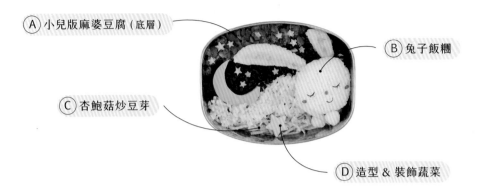

(A) 小兒版麻婆豆腐（底層）

(B) 兔子飯糰

(C) 杏鮑菇炒豆芽

(D) 造型 & 裝飾蔬菜

材料 Ingredient

(A) 豬絞肉 … 50g
嫩豆腐 … 100g
蔥 … 1 小支
蒜末 … 1 小匙

調味料
醬油 … 1 大匙
糖 … 1/8 小匙
白胡椒粉 … 少許
麻油 … 1/4 小匙
◎我用麻油和白胡椒粉代替辣的花椒
油，還可以增加香氣和滑潤口感。

(B) 白飯 … 100g
紅白魚板 … 1 片（厚約 0.75 公分）
壽司海苔 … 1 小片（製作表情用）

(C) 綠豆芽 … 20g
杏鮑菇（手撕成絲）… 10g
蒜末 … 1/2 小匙
蒜頭鹽 … 少許

(D) 黃色櫛瓜 … 半條
紫色花椰菜 … 1 朵（約 20g）
櫻桃蘿蔔 … 1 薄片
鹽、食用油 … 少許

擺盤
黑米飯 20g、甜菜根汁（作法請參
考 P.27）、美乃滋、天使義大利麵
（煮熟）半根

造型工具
保鮮膜 / 小吸管 / 小剪刀 / 水果刀
/ 烘焙紙（依需求使用）/ 大 & 小星
星壓模 / 畫筆 / 鑷子

作法 How to make

Ⓐ 小兒版麻婆豆腐

1　將蔥切蔥花，蔥白、蔥綠分開。嫩豆腐切丁。

2　鍋中加少許油，開中火，放入豬絞肉炒散至出現香氣後，加蔥白、蒜末拌炒。

3　接著加入嫩豆腐丁、醬油、糖和適量的水（材料分量外），煮到收汁後加入蔥綠炒勻，關火後加白胡椒粉、麻油增加香氣即可。

Ⓑ 兔子飯糰

1　用保鮮膜包約 65g 白飯，對照圖稿捏出「兔子頭」。再用同樣方法做出「耳朵」（做 2 個，各約 10g）和「手」（做 2 個，各約 3g）。 ⓐ

　　TIPS　剩餘的白飯留在擺盤時使用。

2　切下紅白魚板的紅色部分，先用小吸管壓出一個小圓當「鼻子」，再將吸管稍微捏扁，壓出兩個橢圓形的「臉頰」。 ⓑ-ⓒ

　　TIPS　我會用鋁箔包飲料的雙節吸管，將細的那截剪平壓圓，較粗的那截捏扁壓橢圓，就可以做出不同大小、形狀的圓。

3　用海苔剪出兔子的「眼睛」、「睫毛」、「嘴巴」，放入密封盒避免受潮。

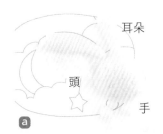

耳朵

頭

手

ⓐ

ⓑ

ⓒ

Ⓒ 杏鮑菇炒豆芽

1 鍋中加少許油，開中小火，放入杏鮑菇絲後不用翻動，煎到出現香氣，再加
   蒜末、豆芽菜，蓋鍋蓋煮到熟透，撒上蒜頭鹽炒勻即可。

Ⓓ 造型 & 裝飾蔬菜

1 紫色花椰菜切小塊備用。櫻桃蘿蔔切片後，用小星星壓模壓出星星。 ⓐ
2 將黃色櫛瓜切下約 0.5 公分厚的表皮後，用刀切出彎月、一根長條（釣竿），
   並以大小不同的星星壓模，壓出一顆大星星、數個小星星。 ⓑ-ⓕ
   TIPS 可以先將烘焙紙剪出月亮形狀，再對照切割。
3 煮一鍋滾水加少許鹽、油，分別放入黃色櫛瓜、紫色花椰菜快速汆燙備用。

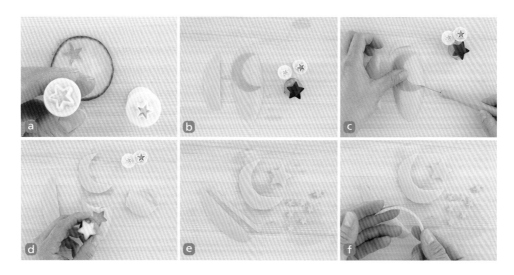

擺盤 Presentation

1　將Ⓐ小兒版麻婆豆腐、Ⓒ杏鮑菇炒豆芽鋪入便當盒底。 🅐

2　在便當盒右側預留擺放兔子的空間，其餘從上往下鋪入紫色花椰菜、黑米飯、Ⓑ剩餘的白飯（下方露出一些杏鮑菇炒豆芽）。 🅑

3　在預留的空間上，擺入Ⓑ的各部位飯糰，組合成兔子。再用畫筆沾甜菜根汁畫出耳朵的顏色，以鑷子夾海苔「五官」，沾點美乃滋貼上。

4　在兔子臉上的「鼻子」和「臉頰」處，先用鑷子稍微戳洞，再放入Ⓑ的魚板「鼻子」和「臉頰」。 🅒-🅓

5　先將煮熟的天使義大利麵綁在Ⓓ的「櫛瓜釣竿」上，再擺入兔子手中。最後放上Ⓓ的星星、月亮即完成。 🅔

　　TIPS　兔子周圍的空隙處，可以再放一些紫米飯填補，防止造型的位置滑動。

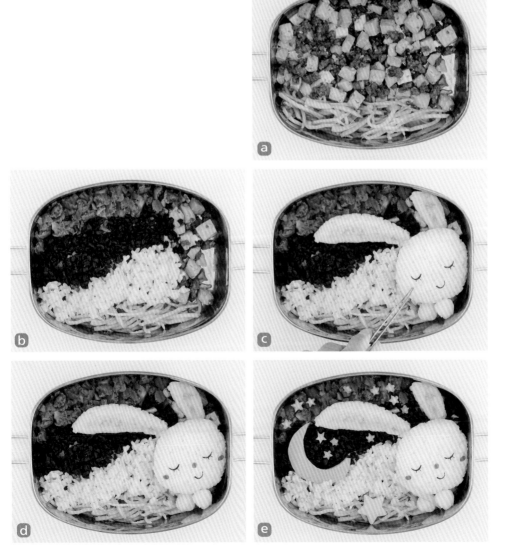

柴柴的花園
Shiba's garden

蝦球壽司
便當

　　每當在路上遇見古靈精怪的柴犬，小子 Z 總覺得牠是狐狸，說他也想要有一隻狐狸當寵物。這讓我想起小王子和狐狸的故事，因為小王子馴服了狐狸，而讓他們變成屬於彼此的唯一。現在的 Z 就好像那個懵懂的小王子，慢慢地他會遇到來自不同「星球」的人、事、物，遇到屬於他的狐狸和玫瑰花……想到這裡，既然不能擁有狐狸，但可以先做個可愛的柴柴馴服他的胃口吧～嘻嘻！

難易度	魔法圖稿
●●○	**便當 8**

料理標示 Overview

Ⓑ 柴犬豆皮壽司

Ⓐ 氣炸豆腐蝦球

Ⓒ 涼拌花椰菜＋魚板串

材料 Ingredient

Ⓐ 蝦子 … 4 隻（去殼帶尾，約 120g）
板豆腐 … 45g
洋蔥 … 20g
鹽 … 1/4 小匙
白胡椒粉 … 少許
日式麵包粉 … 1/4 杯
麵粉 … 1/8 杯
蛋液 … 半顆

Ⓑ 壽司豆皮 … 2 個
白飯 … 130g
莫札瑞拉起司片 … 1/4 片
壽司海苔 … 1 片（製作表情用）
壽司醋 … 2 小匙

Ⓒ 黃、白、綠色花椰菜
　　… 約 5-6 小朵
紅白魚板 … 2 小片（厚約 1 公分）
鹽 … 少許
蒜頭鹽 … 少許
香油 … 1 小匙

擺盤
捲葉生菜、小番茄、白色米菓、
美乃滋、番茄醬、市售油炸裝飾
小花（或食用花）

造型工具
篩網（可省略）/ 保鮮膜 / 圓形壓
模（或吸管）/ 小剪刀 / 造型叉 /
烤盤專用尖叉 / 鑷子 / 圓筷

作法 How to make

Ⓐ 氣炸豆腐蝦球

1 　取 3 隻蝦子，從蝦尾往下 2 公分處切斷 ⓐ，保留 3 隻蝦尾，其餘蝦肉和另一
　　隻蝦子，用食物調理機攪成泥狀。

2 　板豆腐用湯匙壓碎、瀝乾，加入切成小丁的洋蔥、蝦泥、鹽、白胡椒粉混合
　　均勻。 ⓑ

　　TIPS　可先利用篩網瀝乾板豆腐的水分。

3 　接著分成 3 等分，壓成稍扁的圓形後，插入步驟 1 切下的蝦尾，讓蝦尾在外，
　　再整成球形 ⓒ。

4 　準備麵粉、蛋液、麵包粉，將豆腐蝦球裹上薄薄一層麵粉後、拍掉多餘麵粉，
　　再均勻沾上蛋液、裹上麵包粉後，靜置 5 分鐘反潮。 ⓓ-ⓔ

5 　起一油鍋，開中小火，放入豆腐蝦球泥油炸至淡金黃色，轉中大火，炸至深
　　金黃色即撈起，靜置網上瀝油備用。 ⓕ

B 柴犬豆皮壽司

1 趁白飯還溫熱時拌入壽司醋，用飯勺切拌均勻，讓白飯慢慢吸收醋，接著蓋住米飯，於室溫放涼備用。

2 將壽司豆皮開口處往內切掉一小截。 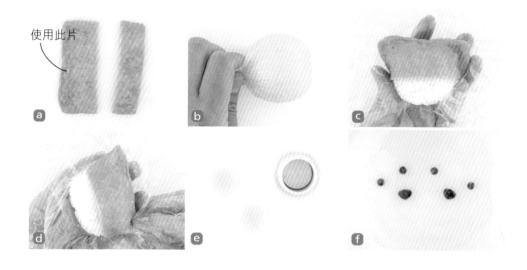 a

3 用保鮮膜包約 65g 白飯後稍微捏圓定型 b，放入豆皮中，捏成接近橢圓形 c，再將豆皮的兩角捏尖，塑成「柴犬耳朵」 d。一共做出 2 個柴犬豆皮壽司，用保鮮膜包裹備用。

4 用圓形壓模將莫札瑞拉起司片壓出 2 個圓形，當作柴犬「吻部」備用。 e

5 將海苔剪成柴犬的「眼睛」、「鼻子」，放入密封盒備用。 f

使用此片

a

b

c

d

e

f

C 涼拌花椰菜＋魚板串

1 煮一鍋滾水加少許鹽、油，將花椰菜快速氽燙後，撈起瀝乾，再加入蒜頭鹽、香油拌勻。

2 將兩片紅白魚板，切下「紅色＋約 0.5 公分白色」部分，氽燙後分別捲起，再用造型叉串起固定。 a

擺盤 Presentation

1 將捲葉生菜先鋪在便當盒底，放入Ⓐ氣炸豆腐蝦球後，在蝦球周圍空隙放入Ⓒ 花椰菜。 [a]

2 擺入Ⓑ柴犬豆皮壽司、Ⓒ魚板串、小番茄。 [b]

3 用鑷子夾Ⓑ起司片「鼻子」、海苔「五官」，沾少許美乃滋貼到豆皮壽司上，接著在柴犬的眼睛上方用烤盤專用叉戳個小洞，放入白色米菓當「眉毛」。

4 最後用烤盤專用叉或圓筷尖端沾美乃滋，點出眼睛上的亮點，再沾番茄醬點出 紅臉頰，依喜好點綴食用花或油炸小花裝飾 [c-d]。

賴床天　Sleepy mood

小熊蔥油麵

一年四季裡的初春，是最讓人感到放鬆的季節，
不只因為翠綠的葉子和空氣裡淡淡的花香，
也意味著各種節日和戶外活動的到來。
在美國的三月有個很歡樂的節慶「Saint Patrick's Day」，
是紀念愛爾蘭守護者聖帕特里克而設的節日。
這天各地都會用代表愛爾蘭的翡翠綠色和幸運草為主題辦派對，
而小子 Z 當時的學校也用一個禮拜的綠色主題來慶祝，
應景做了這個像他一樣愛睡覺的熊。
嘿，在幸運草的擁抱下，是不是聞到了春天的味道呢？

難易度 ｜ 魔法圖稿
●●○ ｜ 便當 9

料理標示 Overview

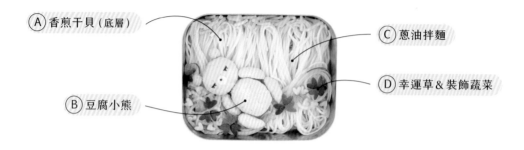

- A 香煎干貝（底層）
- B 豆腐小熊
- C 蔥油拌麵
- D 幸運草 & 裝飾蔬菜

材料 Ingredient

A
干貝 ⋯ 100g
蒜頭鹽 ⋯ 少許

B
板豆腐 ⋯ 80g
太白粉 ⋯ 1/2 小匙
蛋白 ⋯ 2 小匙
鮮菇鹽 ⋯ 少許
莫札瑞拉起司片 ⋯ 1 小片
壽司海苔 ⋯ 1 小片（製作表情用）
細關廟麵 ⋯ 1 根
（用低溫 90℃烘烤約 5 分鐘至熟透、
有脆度，代替竹籤）

C
細關廟麵 ⋯ 40g
蔥 ⋯ 3-4 支
鹽 ⋯ 少許
食用油 ⋯ 2 大匙
拌麵調味料
蔥油 ⋯ 2 大匙
薄鹽雞湯 ⋯ 2 小匙
鮮菇鹽 ⋯ 1/2 小匙
白醋 ⋯ 1/4 小匙

D
綠色櫛瓜 ⋯ 3/4 條
綠色花椰菜梗 ⋯ 5g
鹽 ⋯ 少許
蒜頭藍 ⋯ 少許
香油 ⋯ 1/2 小匙

擺盤
美乃滋

造型工具
篩網（可省略）/ 烘焙紙 / 圓形壓
模（或粗吸管）/ 小剪刀 / 鑷子 /
蔬果削鉛筆機 / 愛心壓模

作法 How to make

Ⓐ 香煎干貝

1 干貝洗淨、擦乾。平底鍋中加少許油，開中火，放入干貝煎至變色後翻面煎
　 熟、呈深金黃色，即可關火，撒上蒜頭鹽調味。

Ⓑ 豆腐小熊

1 板豆腐用湯匙壓碎、以篩網瀝乾多餘水分後，加入太白粉、蛋白、鮮菇鹽混
　 勻，再對照圖稿捏出小熊的「頭」、「耳朵」、「手腳」、「身體」，靜置
　 5 分鐘定型。 ⓐ

2 將步驟 1 的豆腐放在烘焙紙上，用氣炸鍋以 175℃氣炸約 6-12 分鐘，呈淡
　 金黃色即可取出。

> TIPS　氣炸時間依照實際狀況調整，「耳朵」約 5 分鐘、「手腳」約 8 分鐘、「身體」
> 　　　約 12 分鐘。若沒有氣炸鍋，可改用烤箱烤到熟透、上色。

3 利用烤脆的細關廟麵當竹籤，將小熊的身體各部位連接起來。 ⓑ-ⓒ

4 以吸管或圓形壓模將莫札瑞拉起司片壓出 1 個圓，當小熊的「鼻子」。

5 用海苔剪出小熊的「五官」，放置密封盒避免受潮。

ⓐ　ⓑ　ⓒ

Ⓒ 蔥油拌麵

1 將蔥切段後稍微拍扁、擦乾。平底鍋中放 2 大匙食用油，開中火熱鍋後，先
　 放入蔥白，煎至半軟再加入蔥綠，煎至蔥段呈咖啡色、散發蔥香，即可將蔥
　 油瀝出。

> TIPS　過程中避免火候過大，容易煎焦而產生焦味。

2 煮一鍋滾水加少許鹽，將細關廟麵燙熟、撈起瀝乾，加入拌麵調味料拌勻。

D 幸運草 & 裝飾蔬菜

1 將綠色櫛瓜切下約 0.5 公分厚的表皮 ⓐ，用愛心壓模壓出不同大小的愛心後 ⓑ，剩下的用蔬果削鉛筆機削成一段蔬菜麵 ⓒ。花椰菜梗去外皮後切絲。

2 煮一鍋滾水加少許鹽和油，分別將綠色櫛瓜和綠色花椰菜梗絲快速汆燙後，撈起瀝乾，加入蒜頭鹽、香油拌勻。

  TIPS　在水裡加點油可使蔬菜軟嫩、增加口感。

擺盤 Presentation

1 將Ⓐ香煎干貝放入便當盒底。ⓐ

2 再將Ⓒ蔥油拌麵用筷子夾起，一束束同方向放入便當盒中，蓋住干貝。ⓑ

3 在麵的下方位置擺入Ⓓ綠色櫛瓜麵條，上方放綠色花椰菜梗絲。ⓒ

4 接著放入Ⓑ豆腐小熊，再用鑷子夾起司「鼻子」、海苔「五官」，沾點美乃滋貼在小熊臉上。ⓓ

5 最後再以Ⓓ的綠色櫛瓜愛心，在小熊周圍擺出幾朵「幸運草」就完成了。ⓔ

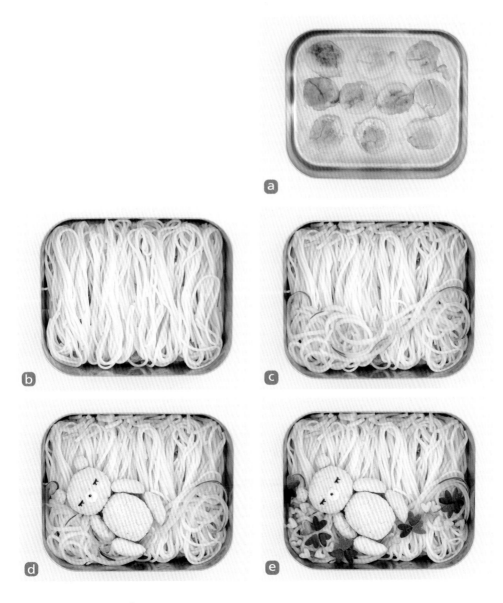

快樂雨林　Happy jungle

味噌肉末便當

在小子 Z 三歲的那個夏天，家裡附近的圖書館有一場特別的演出，
是由一個專門照顧受傷和被遺棄鸚鵡的公益團體主辦的。
鸚鵡們的說話技能和機靈的反應讓大家驚喜連連，
團主說當牠們恢復自行活動的能力以後，就會重回屬於牠們的大自然。
那可愛的鸚鵡身影，讓人忘不了啊！

料理標示 Overview

(A) 日式味噌肉末

(B) 鸚鵡飯糰

(C) 裝飾蔬菜

材料 Ingredient

(A)
豬絞肉 … 100g
蔥 … 1 小支
蒜末 … 1 小匙

調味料
味噌 … 1 小匙
醬油膏 … 1 小匙
味醂 … 1 小匙
黑胡椒 … 少許

(B)
白飯 … 45g
綠色彩米飯 … 約 75g
蘋果 … 適量
壽司海苔 … 1 小片（製作表情用）
◎綠色彩米飯也可以用白飯拌綠色花
椰菜蕊替代。

(C)
綠色花椰菜 … 3 朵
紫色胡蘿蔔 … 適量
鹽 … 少許

擺盤
美乃滋、土耳其開心果粉、綜合
生菜、四季豆竹輪魚捲、白色米
菓

造型工具
保鮮膜 / 小剪刀 / 水果刀 / 花型壓
模 / 雕刻刀 / 削皮刀 / 畫筆 / 鑷子

Note

> 四季豆竹輪魚捲的作法，是將四季
> 豆塞進竹輪中間的縫隙後稍微燙
> 過，再切成需要的小段。

作法 How to make

(A) 日式味噌肉末

1 將蔥切蔥花，蔥白、蔥綠分開備用。取一平底鍋，開中火，放入豬絞肉持續
拌炒鬆散至香氣出現後，加入蔥白、蒜末拌炒。

2 將味噌、醬油膏、味醂拌勻後，倒入鍋中，加入適量水烹煮到收汁後關火，
撒上蔥綠、黑胡椒即可。

Ⓑ 鸚鵡飯糰

1 取 10g 白飯和 10g 綠色彩米飯混勻後包保鮮膜,對照圖稿捏出鸚鵡的「肚子」,再以綠色彩米飯捏出鸚鵡的「身體(40g)」、「尾巴(5g)」、「翅膀(8g)」 a。

   TIPS 剩餘的白飯備用,會在擺盤時使用。

2 對照圖稿,將蘋果切出鸚鵡的「尾巴」和「嘴」,泡鹽水避免氧化變黑 b。

3 用海苔剪出鸚鵡的「眼睛」、「睫毛」,放入密封盒備用 c。

Ⓒ 裝飾蔬菜

1 將紫色胡蘿蔔切出約 0.5 公分厚的 3 個圓片,以花型壓模壓出花,再用食物雕刻刀刻出花瓣 a-d。

2 用削皮刀將紫色胡蘿蔔刨絲當「樹枝」 e-f。

3 煮一小鍋水,加點鹽和油,將綠色花椰菜快速汆燙後撈起、瀝乾備用。

   TIPS 我使用的是可生食有機胡蘿蔔,若不是的話建議一同汆燙。

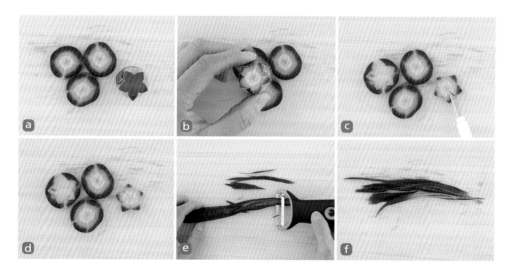

擺盤 Presentation

1 取一個長型便當盒直擺，把Ⓐ日式味噌肉末放入底部，上方預留約 1/3 空間，放入白飯，再於肉末上擺放Ⓒ的紫色胡蘿蔔樹枝。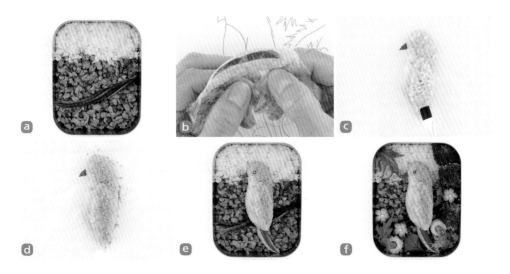

2 將Ⓑ鸚鵡的蘋果「尾巴」、綠色彩米飯「尾巴」黏合在一起。 b

3 接著組合Ⓑ鸚鵡的身體、肚子、翅膀，插入蘋果嘴巴。用畫筆在身上塗抹薄薄一層美乃滋後，撒上土耳其開心果粉 c-d 。

4 將組合好的鸚鵡放入便當盒中。再用鑷子夾海苔「眼睛」沾美乃滋黏上，並於「眼睛」上點一點美乃滋當亮點 e 。

5 在鸚鵡飯糰的周圍依序放入綜合生菜、四季豆竹輪魚捲，以及Ⓒ紫色胡蘿蔔花、綠色花椰菜，再將白色米菓沾美乃滋做出「花蕊」即可 f 。

我的草莓園　My strawberry garden
章魚燒花園便當

在小子 Z 還未上學前，我常常帶著他到處去野餐，
而不知不覺他也開始期待野餐便當的滋味，
也許是因為配著美景的滋味特別美好吧～
帶著最喜歡的草莓和很適合野餐的章魚燒，一起去郊遊！

難易度

料理標示 Overview

B 草莓飯糰

C 烤彩蔬

D 熱狗蛋皮花

A 章魚燒

材料 Ingredient

A 章魚燒粉 … 30g
　熟章魚腳（切小塊）… 45g
　天婦羅碎麵衣 … 1 又 1/2 大匙
　蔥花 … 1 根的量

　淋醬 & 佐料
　章魚燒醬汁 … 適量
　五色香鬆 … 少許
　美乃滋 … 適量

B 白飯 … 120g
　冷凍覆盆子 … 約 5 顆
　　（或覆盆子汁少許）
　黑芝麻 … 適量
　橄欖油 … 1/4 小匙

C 彩色胡蘿蔔 … 15g
　蘆筍 … 15g
　黃甜椒 … 15g
　蒜頭鹽 … 少許
　橄欖油 … 少許

D 蛋皮 … 2 顆蛋的量
　（作法請參考 P.75）
　熱狗 … 1 根

擺盤
捲葉生菜、草莓、薄荷葉

造型工具
章魚燒烤盤＋專用叉 / 食物搗碎
器 / 耐熱保鮮袋 / 水果刀 / 造型叉
/ 防油紙 / 小牙籤

作法 How to make

Ⓐ 章魚燒

1 將章魚燒粉依照包裝說明調成粉漿。

2 烤盤加熱後，抹一層厚厚的油防沾黏。

　TIPS　我使用的是鑄鐵章魚燒烤盤，如果是用不沾材質，可以適當減少油量。

3 在烤盤中倒入一半的章魚燒粉漿，再依序放入章魚腳、天婦羅碎麵衣、蔥花，接著倒入剩餘麵糊，將烤盤補滿。 ⓐ

4 將章魚燒煎烤至底部成型且外觀金黃，以專用叉將多出來的麵糊塞進凹槽裡 ⓑ，再沿著邊緣翻轉。持續邊以 90 度翻轉邊燒烤，直到可在烤盤中 360 度翻轉、表面完全金黃即可。 ⓒ

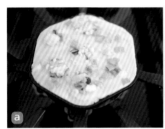  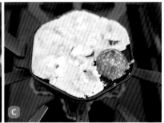

Ⓑ 草莓飯糰

1 將冷凍覆盆子搗碎，加 2 小匙開水稀釋後，將果汁的部分分次少量加到白飯中拌勻，直到調成想要的粉紅色飯 ⓐ。

　TIPS　沒有冷凍覆盆子，也可以改用覆盆子汁染色。

2 在保鮮袋其中一角內抹少許橄欖油，取 40g 粉紅色飯放入後，捏成水滴狀 ⓑ。總共做出 3 顆「草莓飯糰」。

3 在「草莓飯糰」上隨意黏黑芝麻後 ⓒ，放入保鮮盒保持溼度。

C 烤彩蔬

1 將彩色胡蘿蔔、蘆筍、黃甜椒，分別切成約 5 公分長條。

2 將蘆筍和黃甜椒均勻抹一層橄欖油後，放入預熱到 190℃的烤箱，烤約 10 分鐘後，撒蒜頭鹽調味。

TIPS 我選擇的是可生食的有機蔬菜，也可以換成其他種，以滾水燙熟再使用。

D 熱狗蛋皮花

1 將熱狗對半切，切面劃出格子狀後，放入加少許油的平底鍋中，以中火煎熟備用。 a-c

2 取一張蛋皮（約 11.5 X 10.5 公分），用水果刀在蛋皮中間劃一排約 4 公分長的切口 d，接著上下對折。以同樣方式做出 2 張蛋皮。

3 將煎好的熱狗放在蛋皮的一側（熱狗格紋切面與蛋皮切口同方向擺放），捲起來，再用造型叉固定 e-f，尾端切齊即可。

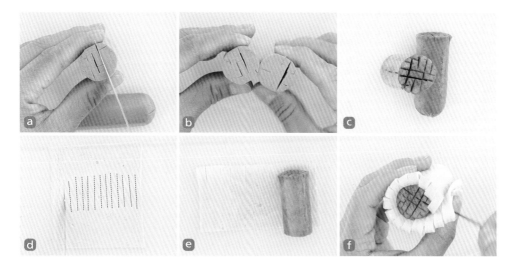

擺盤 Presentation

1 將捲葉生菜鋪在便當底部，其中一側交錯擺入Ⓓ熱狗蛋皮花、新鮮草莓。 a

2 在便當另一側鋪防油紙阻隔後，排入五顏六色的Ⓒ烤彩蔬。 b

3 接著放入Ⓐ章魚燒、Ⓑ草莓飯糰。 c

4 用小牙籤在草莓飯糰上戳洞 d，插入小薄荷葉 e，再於章魚燒上淋章魚燒醬汁、美乃滋，撒上香鬆就完成了。 f

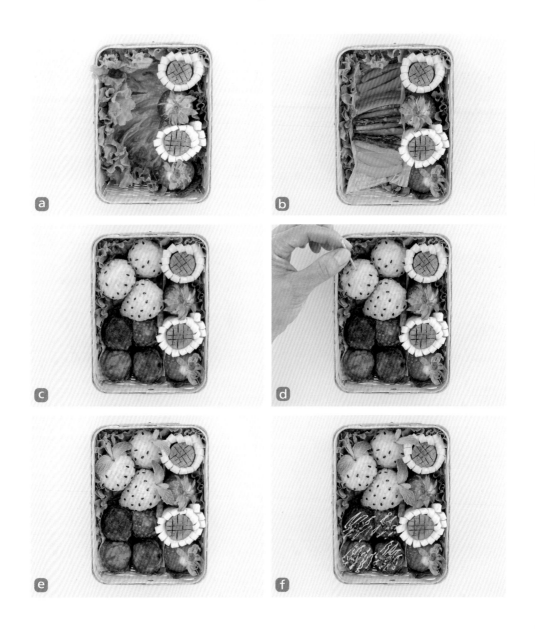

小子 Z 對草莓情有獨鍾，
所以我很常做各種草莓造型的餐點，
每次看到他打開便當盒的笑容，
媽媽我也被渲染了滿滿的幸福感。

情書 Love letter

蘑菇炒蛋
墨西哥捲餅

難易度
● ○ ○

　　小子 Z 四歲那年在台灣上課，在蒙特梭利的環境和不同年紀的小朋友接觸。學校有個可愛的習慣，老師會鼓勵小朋友們做卡片留言、畫圖給喜歡的朋友傳達心意。當有人留卡片給 Z、在卡片上畫愛心給他時，他小小的心靈就會得到大大的滿足。這餐就送上一封營養的情書傳達心意，也能滿足大大的胃口喔！

料理標示 Overview

Ⓐ 捲餅信封

Ⓑ 番茄瓢蟲

Ⓒ 裝飾蔬果

材料 Ingredient

Ⓐ
墨西哥薄餅 … 1 片
蛋 … 2 顆
鮮奶 … 2 小匙
洋蔥 … 20g
培根 … 20g
蘑菇 … 2 朵
三色起司絲 … 2 大匙
起司片 … 1/2 片（對折成兩倍厚度）

調味料

鹽 … 適量
黑胡椒 … 少許
莎莎醬或番茄醬 … 適量

Ⓑ
小番茄 … 1 顆
壽司海苔 … 1 小片（製作表情用）
美乃滋 … 少許

Ⓒ
綠色花椰菜 … 3 朵
黃金奇異果 … 1 顆
鹽 … 少許

擺盤
捲葉生菜、藍莓、草莓、彩色小番茄、
美乃滋

造型工具
保鮮膜 / 愛心壓模 / 小剪刀 / 海苔壓
模 / 鑷子 / 雕刻刀 / 防油紙 / 造型叉

作法 How to make

Ⓐ 捲餅信封

1　將洋蔥、培根、蘑菇切丁。蛋液加入鮮奶打散。

2　平底鍋中加多一點油，開中火，倒入蛋液拌炒至半成型後取出。

3　培根放入鍋中乾煎出香氣、逼出油，再加洋蔥和蘑菇炒軟，放入步驟 2 的蛋，
　　以鹽、黑胡椒調味後拌勻關火。

4　將墨西哥薄餅放在平底鍋上，兩面稍微乾煎到溫熱後取出，放在保鮮膜上，
　　中間依序放上蘑菇培根炒蛋、番茄醬（或莎莎醬）、三色起司絲。 ⓐ

　　TIPS　墨西哥薄餅煎過回溫即可，若是煎過久會變脆口不好捲。

5　將薄餅左右往內折，再從下往上折起，最後收口前將餅皮剪成尖角，包裹成
　　信封的形狀後，以保鮮膜包起輔助定型、保持濕度。 ⓑ-ⓔ

6　用愛心壓模將起司片壓出一個愛心備用。 ⓕ

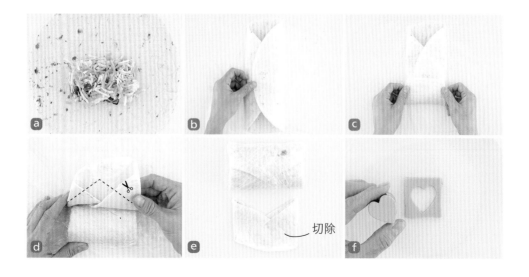

Ⓑ 番茄瓢蟲

1 將海苔剪成一個直徑約 2.5 公分的圓（剪下約 1/8 的三角缺口）、一根細長
條，並用海苔壓模壓出 6 個小圓。 a-b

  TIPS 海苔先剪一個缺口，更能夠服貼到圓弧面的小番茄上。

2 將 2.5 公分的大圓，沾點美乃滋包在小番茄前端，做出瓢蟲的頭。接著再將
6 個小圓和細長條，沾美乃滋後貼出瓢蟲花紋。 c

  TIPS 可在海苔表面沾點開水，讓海苔更服貼。

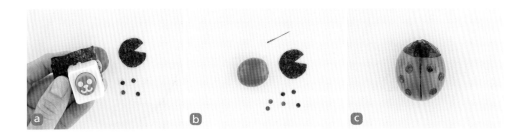

Ⓒ 裝飾蔬果

1 用雕刻刀在奇異果中間刻出一圈 V 字花紋後，
對半打開。 a-b

2 煮一小鍋水，加少許鹽和食用油，放入綠色花
椰菜快速汆燙後撈起備用。

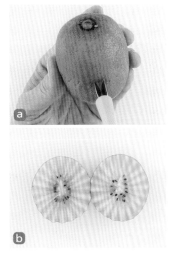

擺盤 Presentation

1 將捲葉生菜鋪到便當盒底，漂亮的葉緣朝外。  ⓐ

2 用一張防油紙稍微包住Ⓐ捲餅信封的周圍和底部，斜放入盒內，再於兩角放入
Ⓒ奇異果 ⓑ。

3 空隙處放入花椰菜、藍莓、草莓和彩色小番茄 ⓒ。

4 最後在信封角將Ⓐ的起司愛心沾美乃滋貼上，旁邊放入Ⓑ番茄瓢蟲，就完成了
ⓓ。

TIPS　起司愛心可以依喜好裝飾，例如這裡我插了一根可愛的蜜蜂造型叉。

ⓐ

ⓑ

ⓒ

ⓓ

彩蔬肉捲飯糰

彩色畫筆的世界 A colorful world

難易度
●●○

魔法圖稿
便當 11

材料 Ingredient

(A) 豬五花肉片 … 110-120g（6 片）
　　胡蘿蔔 … 15g
　　蘆筍 … 15g
　　黃色甜椒 … 15g
　　太白粉 … 1/8 小匙
　　醬油、味醂 … 各 1 小匙
　　醬油膏 … 1 又 1/2 小匙

(B) 彩色米飯 … 共 145g（準備 5 種顏色）
　　◎若沒有彩色米，也可以用食材將白
　　飯染出不同色彩（P.25）。
　　壽司海苔 … 1 大片（製作表情用）

擺盤
美乃滋、紅色米菓 10 顆

(C) 蛋 … 1 顆
　　蟹肉棒 … 2 根
　　黑芝麻 … 12 粒
　　鹽 … 少許

造型工具
保鮮膜 / 海苔壓模 / 小剪刀 /
玉子燒鍋 / 鑷子 / 造型叉

　　小子 Z 從剛會拿筆時就很喜歡畫畫，他最愛彩虹般的漂亮色彩，彩色的世界總是讓他很開心。其實食材也是一樣，大自然中可以取得的「顏料」，不只滿足食慾也可以豐富心靈！像是這便當裡的彩蔬肉捲，可以替換當季新鮮的蔬菜，均衡又營養，一起做看看！

Ⓒ 造型玉子燒　　　　　　　　　　　　　　　Ⓐ 彩蔬肉捲

Ⓑ 彩色米飯糰

作法 How to make

Ⓐ 彩蔬肉捲

1　將胡蘿蔔、蘆筍、黃色甜椒切絲，分成六等分。

2　一片豬五花肉片捲一份蔬菜，接縫內沾薄薄一層太白粉幫助黏合，再將收口朝下放置。一共完成 6 捲。

3　鍋中加少許油，開中小火，將肉捲接縫處朝下放入，煎至淡金黃色後翻面，再煎至淡金黃色，接著加入醬油膏、醬油、味醂，轉小火、蓋鍋蓋，燜煮至收汁。 ⓑ

　　TIPS　加入味醂的醬料在烹煮時容易產生焦味，可以加少許水，避免加熱過快。

Ⓑ 彩色米飯糰

1　分別將 5 種顏色的彩色米飯用保鮮膜包起，對照圖稿，捏成蠟筆的形狀（一支約 25g）。 ⓐ

　　TIPS　剩餘的米飯留在擺盤時使用。

2　海苔先用壓模壓出「五官」，再剪出 10 條 0.5公分寬的長條，放置密封盒備用。 ⓑ

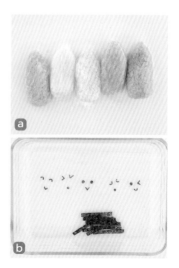

Ⓒ 造型玉子燒

1 蛋液加少許鹽，打散到沒有蛋筋後加鹽調味，過篩兩次再靜置 5 分鐘。

    TIPS   靜置可以讓蛋液裡的泡泡消失，煎出來更漂亮、口感更細緻。

2 玉子燒鍋中抹少許油，開小火，倒入薄薄一層蛋液，稍微定型後放入 2 根蟹肉棒，等蛋液表面半凝固，再用鍋鏟和筷子輔助，將蛋皮捲起來，翻煎約 1 分鐘至熟透即可。

3 接著將玉子燒切成三片 1.5 公分的厚片後，在切面貼上芝麻裝飾。 `a-c`

擺盤 Presentation

1 將Ⓐ的彩蔬肉捲排放在便當盒底，下方空隙處填入Ⓑ剩餘的飯。 `a`

2 用鑷子夾Ⓑ的海苔「五官」和長條，分別沾點美乃滋貼到 5 顆飯糰上，再擺入便當盒中。 `b`

3 最後將Ⓒ玉子燒用造型叉子串起，放在彩蔬肉捲上。再用紅色米菓點綴蠟筆臉頰，眼睛點上美乃滋做亮點即可。 `c`

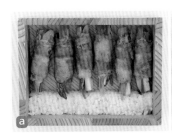

Ⓒ 涼拌花椰菜

Ⓐ 鮪魚沙拉（餡）

Ⓑ 造型豆皮壽司

聖誕小夥伴　The X'mas crew

豆皮壽司便當

難易度　｜　魔法圖稿
● ● ●　｜　便當 12

「叮叮噹、叮叮噹、鈴聲多響亮，你看他不避風霜，面容多麼慈祥……」在聽到這首聖誕歌曲的時候，是不是心情也跟著開心起來了呢？接近聖誕節時我們搬了新家，聖誕夜那天小子Z迫不及待準備餅乾、牛奶和胡蘿蔔放在聖誕樹旁，迎接聖誕老人和他的麋鹿幫手們到來。隔日，天還未亮，小子就急著起床，咚咚咚衝到聖誕樹下拆禮物，眼睛睜大地說聖誕老人真的來過！有了聖誕小夥伴的陪伴，平常的日子也充滿過節的歡樂氣氛。

材料 Ingredient

(A)
鮪魚罐頭 … 1 個（含水分約 62g）
玉米粒（冷凍）… 15g
◎若使用生玉米粒要先燙熟。
芹菜（切末）… 10g
洋蔥（切末）… 10g
美乃滋 … 2 大匙
鹽 … 1/4 小匙
黑胡椒 … 少許

(B)
壽司豆皮 … 4 個
白飯 … 115g
市售瑞士肉丸 … 2 顆
小番茄 … 2 顆
橘色小胡蘿蔔 … 1 根
紫色胡蘿蔔 … 3 薄片
紅白魚板 … 3 片
　（厚度 0.75 公分）
莫札瑞拉起司片 … 1/4 片
壽司海苔 … 1 片
　（製作表情和裝飾用）

(C)
綠色花椰菜 … 4-5 朵
鹽、食用油 … 少許
蒜頭鹽、香油 … 適量

擺盤
五色米菓、美乃滋、番茄醬

造型工具
小剪刀 / 雕刻刀（或水果刀）/
保鮮膜 / 小飯糰製作器（可省略）/
小湯匙 / 星形 & 圓形壓模 / 鑷子 /
圓筷

作法 How to make

(A) 鮪魚沙拉

1　鮪魚罐頭倒出後瀝掉湯汁，用湯匙將鮪魚壓散，再加入玉米粒、芹菜、洋蔥、美乃滋、鹽和黑胡椒，全部拌勻後冷藏 30 分鐘。

Ⓑ 造型豆皮壽司

1 將豆皮打開後，開口處往內折起備用 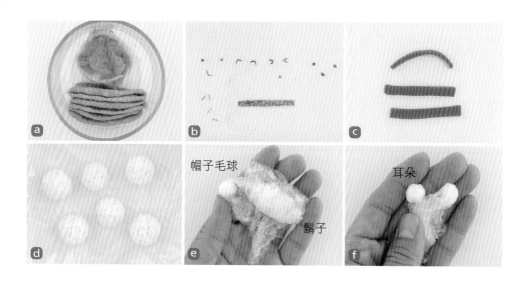ⓐ。

2 將海苔剪出四個小夥伴的「眼睛」、「嘴巴」、「扣子縫線」、「皮帶（4.5×0.5公分）」，放入密封盒避免受潮 ⓑ。

3 將 3 個紅白魚板燙熟後，分別將紅色部分切下來後，切成約 4.5 公分的長條當「圍巾」ⓒ。

4 做出 4 個 15g、2 個 10g 的小飯糰球 ⓓ。另外再捏出聖誕老人的「帽子毛球」、「鬍子」和白熊「耳朵」後，先用保鮮膜包起防乾。 ⓮-⓯

　　TIPS　推薦大家使用小飯糰製作器，可以輕鬆壓出圓圓的小飯糰球（P.28）。

　　TIPS　剩餘白飯留到裝入便當盒時使用。

ⓐ

ⓑ

ⓒ

ⓓ

帽子毛球
鬍子

ⓔ

耳朵

ⓕ

5 **雪人裝飾**：將胡蘿蔔切出一小段約 1 公分的「帽子」、兩片薄薄的「鈕扣」，以及 1 公分細長三角形當「鼻子」 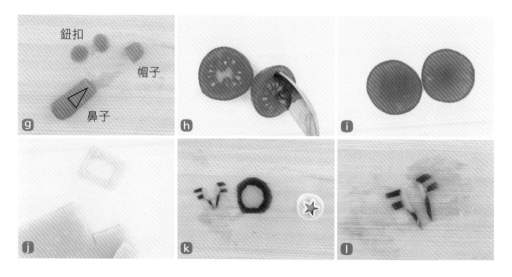g 。

> TIPS　此處使用的是迷你胡蘿蔔，直接切下尾端就是圓頂帽子。沒有的話用一般胡蘿蔔也可以。

6 **聖誕老人裝飾**：將一顆小番茄對切，利用水果刀和小湯匙挖空內部 h-i 。另外利用食物雕刻刀將起司片切出一個中空方形的「皮帶頭（約 1.5 公分 ×1 公分）」 j 。

7 **麋鹿裝飾**：將瑞士肉丸燙熟後備用。另依照參考圖型，使用食物雕刻刀將紫色胡蘿蔔刻畫出兩支「麋鹿角」；用星形壓模壓出一顆「星星」 k-l ；最後將一顆小番茄切下一小圓片當「鼻子」。

8 **白熊裝飾**：將起司片用圓形壓模壓出一個圓形，當「吻部」。

Ⓒ 涼拌花椰菜

煮一小鍋水，加入少許鹽和食用油，將綠色花椰菜快速汆燙後撈起，加入蒜頭鹽和香油調味拌勻。

擺盤 Presentation

1　取Ⓑ的四個豆皮，其中三個填入Ⓐ鮪魚沙拉（各 25g），另一個填入剩餘的白飯（約 25g），排入便當盒中。ⓐ

2　在其中兩個鮪魚豆皮壽司中，各裝入 2 顆 15g 小飯糰球。白飯豆皮壽司內擺入兩顆肉丸。接著在Ⓑ切半的空心小番茄裡，放入 10g 小飯糰球，用保鮮膜包起來整成圓形再拆除，一共完成 2 顆，分別是聖誕老人的「頭」及「身體」。ⓑ

3　將聖誕老人的「頭」、「身體」擺入剩下的鮪魚壽司中，再裝上Ⓑ完成的飯糰「鬍子」、「帽子毛球」。再將「白熊耳朵」貼到其中一個鮪魚壽司的飯糰上。ⓒ

4　分別將各個小夥伴的裝飾物組裝上去。ⓓ

　　雪人：擺入Ⓑ的「紅魚板圍巾」。用鑷子尖端在頭和肚子上稍微戳洞，插入胡蘿蔔「帽子」、「鈕扣」、「鼻子」。將海苔「縫線」和「五官」，沾點美乃滋貼上。

　　聖誕老人：用鑷子夾海苔「皮帶」、「五官」沾點美乃滋貼上後，再貼上起司片「皮帶頭」，並用紅色米菓當「鼻子」。

　　麋鹿：擺入Ⓑ的「紅魚板圍巾」。將小番茄「鼻子」、海苔「五官」沾點美乃滋貼到臉上，並在頭上插入紫色胡蘿蔔的「麋鹿角」，圍巾上裝飾「星星」。

　　白熊：擺入Ⓑ的「紅魚板圍巾」。在臉上貼白熊的起司「吻部」後，用鑷子夾海苔「五官」，沾點美乃滋貼上。

5　接著，在便當空隙處擺入Ⓒ涼拌花椰菜、撒五色米菓裝飾，再以圓筷沾番茄醬分別點出「紅臉頰」即完成。ⓔ

彩色的世界 Colors of Love

彩虹親子丼

　　當全世界都在疫情中的時候，身處美國的我們也過了大半年
沒有出門的日子。只有偶爾在天氣好的時候在家裡附近散步一下，
網路也成為大家主要的聯繫管道。那陣子社群網站上充滿著互相
打氣的發文，而代表著希望的漂亮彩虹也就常常出現在生活裡，
於是我做了這個便當給當時在家上網課的小子 Z 加油。今天用這
個充滿希望的彩虹，將心意傳給你愛的她／他。

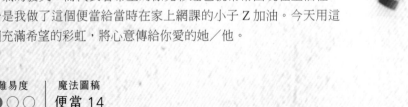

難易度 | **魔法圖稿**
●○○ | **便當 14**

料理標示 Overview

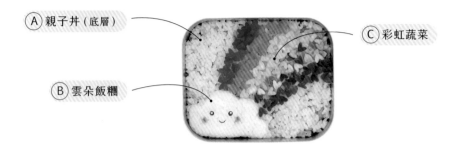

Ⓐ 親子丼（底層）

Ⓒ 彩虹蔬菜

Ⓑ 雲朵飯糰

材料 Ingredient

Ⓐ 去骨雞腿排 ⋯ 100g
蛋 ⋯ 1 顆
洋蔥（切粗絲）⋯ 40g
蒜末 ⋯ 1 小匙

調味料
醬油 ⋯ 1 又 1/2 大匙
味醂 ⋯ 1 小匙
無鹽雞湯 ⋯ 1 又 1/2 大匙
黑胡椒 ⋯ 少許

Ⓑ 白飯 ⋯ 30g
海苔 ⋯ 1 小片（製作表情用）

Ⓒ 紅色甜椒 ⋯ 適量
櫛瓜（黃、綠）⋯ 各適量
胡蘿蔔（橘、紫）⋯ 各適量
鹽 ⋯ 1/4 匙

擺盤
白飯 90g、美乃滋、番茄醬

造型工具
保鮮膜 / 愛心壓模 / 海苔壓模 /
削皮刀 / 鑷子 / 圓筷

作法 How to make

Ⓐ 親子丼

1　取一平底鍋，將雞肉皮面朝下擺入，中火乾煎 2-3 分鐘至雞皮呈金黃色、雞肉約七分熟，取出備用。

2　不換鍋，開中小火，用鍋內殘留的雞油拌炒洋蔥絲和蒜末約 1 分鐘，再放回雞肉，倒入醬油、味醂和無鹽雞湯，蓋上鍋蓋煮到湯汁沸騰、雞肉熟透。
　　TIPS　若鍋中剩的雞油不多，可視情況先加少許油。

3　將打散的蛋液淋入鍋中，蓋鍋蓋燜約 30 秒後熄火，續燜至喜歡的蛋液熟度，撒上黑胡椒即完成。

Ⓑ 雲朵飯糰

1　對照圖稿，用保鮮膜包約 30g 白飯後，捏成雲朵形狀 a 。

2　用海苔壓模壓出雲朵的海苔「五官」，放置密封盒備用。

Ⓒ 彩虹蔬菜

1　將紅色甜椒、黃色和綠色櫛瓜各削一層表皮，橘色和紫色胡蘿蔔切薄片，用愛心壓模壓成許多愛心 a-b 後，放入加了鹽和油的滾水鍋中氽燙備用。
　　TIPS　壓模可以一次壓 2 ～ 3 個，或是直接切丁節省時間。

擺盤 Presentation

1 將Ⓐ親子丼鋪入便當盒中。 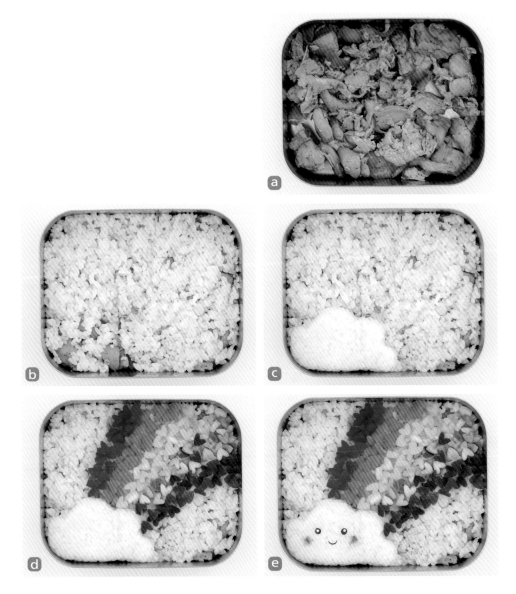 ⓐ

2 在親子丼上方鋪一層白飯。 ⓑ

3 先在便當盒左下角擺入Ⓑ雲朵飯糰 ⓒ，再往右延伸擺入所有Ⓒ彩虹蔬菜。 ⓓ

4 用鑷子夾海苔「五官」，沾美乃滋貼到雲朵飯糰上，並用鑷子前端沾美乃滋，在眼睛上做亮點。最後用圓筷沾番茄醬，點上腮紅就完成了。 ⓔ

永遠是晴天
It's always sunny

太陽花
鮭魚炒飯

　　2020 年某個萬里無雲、陽光普照的夏日，小子 Z 在美國的家中上暑期網課。晨間故事時間老師唸了一本關於花的書，並要小朋友們利用掉在路邊的花、草當作寶藏來作畫。午餐後，我們在家附近散步兼運動了一圈，尋找他珍貴的「寶藏」，雖然聽起來只是一件小事情，但 Z 卻覺得他過了非常美好的一天。孩子小小的心靈很容易感到富足，希望長大的我們，也別忘了心中那朵永遠的小太陽。

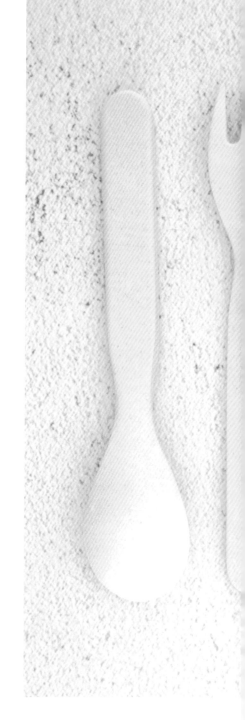

料理標示 Overview

B 蛋皮太陽花

A 彩蔬鮭魚炒飯

材料 Ingredient

A 鮭魚（去骨去皮）… 70g
白飯 … 120g（使用隔夜飯）
培根（切丁）… 1 片
胡蘿蔔（切丁）… 10g
碗豆 … 5g
玉米 … 10g
蒜末 … 1 小匙

調味料

奶油 … 1 大匙
蒜頭鹽 … 適量
黑胡椒 … 少許

B 三色藜麥 … 1 小匙
蛋皮 … 約 2 顆蛋的量
（作法請參考 P.75）
新鮮大香菇 … 1 朵
鹽 … 少許
蒜頭鹽 … 少許

Note

炒飯推薦使用隔夜的長米飯，可以
做出粒粒分明的炒飯。

作法 How to make

A 彩蔬鮭魚炒飯

1　鮭魚洗淨擦乾，用氣炸鍋預熱至 190℃後氣炸 6-8 分鐘，取出切成碎塊。
　　TIPS　此時鮭魚八分熟左右即可，沒有氣炸鍋也可改用烤箱或香煎。

2　用炒鍋中小火乾煎培根丁，將油逼出來後，放入胡蘿蔔、碗豆、玉米、
　　蒜末，炒至胡蘿蔔稍軟。

3　轉中大火，加入切碎的鮭魚、白飯拌炒均勻，起鍋前加入奶油、蒜頭鹽
　　翻炒至奶油完全融化、撒黑胡椒即可。

Ⓑ 蛋皮太陽花

1 將三色藜麥放在篩網上洗淨後,放入小鍋,倒
入剛好淹過三色藜麥的水量,小火煮滾後續煮
約 10 分鐘,關火、蓋上鍋蓋,燜 5 分鐘至完
全熟透,再撈起瀝乾,翻鬆後加少許鹽調味。

2 將蛋皮切成 12 片太陽花瓣。 **a-b**

3 鍋中放少許油,開中小火熱鍋後,放入香菇,
蓋鍋蓋燜煎到兩面金黃焦香、熟透(約 3 分鐘,
過程中可視情況加少許水燜煮),再撒上蒜頭
鹽調味。

擺盤 Presentation

1 將Ⓐ彩蔬鮭魚炒飯在便當中鋪平,用湯匙將要
放太陽花的地方稍微壓凹。 **a**

2 將Ⓑ的蛋皮花瓣一片片沿著凹處擺入便當中,
排成花朵。 **b**

3 放入對半切的香菇,沿著香菇和蛋皮的交接處
均勻撒上三色藜麥即完成。 **c**

一閃一閃亮晶晶
Twinkle twinkle little stars
星星冷蝦涼麵

這道是我最後一個拍照的便當食譜，
雖然簡單卻心意滿滿，
包著當初我幫小子 Z 做便當的初衷。
我就和每個幫家人準備餐點的你一樣，
都希望家人能夠吃得均衡健康，
所以在 Z 還小、有些食物過敏的階段時，
想盡方法讓他在安全的情況下能嘗試各種新食物，
也成就了今天這本書裡的每一個食譜。
每當他看到漂亮的便當時，眼睛還是會閃閃發光，
讓他更容易接受不一樣的食材。
希望你也能從準備餐點中找到屬於自己的樂趣，
一起來「玩」食物！

難易度	魔法圖稿
●○○	便當 15

料理標示 Overview

Ⓑ 冷蝦 & 蔬菜   Ⓐ 日式涼麵   Ⓒ 星星厚煎蛋

材料 Ingredient

Ⓐ 天然彩虹麵 … 40g

涼麵醬汁（或直接用市售品）
醬油 … 1 又 1/2 小匙
味噌 … 1 小匙
鹽巴 … 1/4 小匙
砂糖 … 1 大匙
米醋 … 1 又 1/2 大匙
麻油 … 1 小匙
水 … 50cc
白芝麻 … 1/4 小匙
柴魚片 … 少許

Ⓑ 白蝦（去頭帶殼）… 120g
胡蘿蔔 … 15g
小黃瓜 … 15g
秋葵 … 1 支

Ⓒ 蛋 … 2 顆
壽司海苔 … 1 小片（製作表情用）
美乃滋 … 少許
鹽 … 1/4 小匙
糖 … 1/2 小匙

擺盤
五色芝麻（可省略）

造型工具
篩網 / 星星壓模 / 玉子燒鍋（或小平底鍋）/ 小剪刀 / 鑷子

作法 How to make

Ⓐ 日式涼麵

1 天然彩虹麵煮熟後，放入冰水冰鎮，瀝乾備用。

2 將柴魚片壓成碎粉後，和其他所有涼麵醬汁的材料拌勻，放入冰箱冷藏。

Ⓑ 冷蝦 & 蔬菜

1 白蝦用滾水燙熟後剝殼，放入冰水冰鎮再瀝乾、切塊。

2 將胡蘿蔔和小黃瓜切絲。秋葵汆燙後切成厚 0.5 公分的片狀。

TIPS 我使用的是可生食的有機胡蘿蔔，若沒有建議先汆燙。

Ⓒ 星星厚煎蛋

1 蛋液加入鹽和糖，打散到沒有蛋筋的程度，用篩網過濾兩次，再靜置 5 分鐘。

TIPS 靜置能讓蛋液裡頭的小泡泡消掉，做出更細緻的的玉子燒。

2 玉子燒鍋加少許油後開中小火，倒入蛋液後蓋鍋蓋，轉小火，待蛋液表面稍凝固時關火，燜 2 分鐘至熟透後取出，用星星壓模壓出 5 個星星。 a-b

TIPS 使用玉子燒鍋或小平底鍋，煎出來的蛋皮會比較有厚度。

3 將海苔剪出星星的「五官」，用鑷子夾起後沾少許美乃滋，黏到其中一片星星臉上。 c

a

b

c

擺盤 Presentation

1 在便當盒中間位置，將Ⓐ彩虹麵擺入呈對角線位置，用筷子將麵排順。

2 將Ⓑ的蝦子擺在麵的兩邊 b ，再依序放入胡蘿蔔絲和小黃瓜絲 c 。

3 最後擺入Ⓒ星星厚煎蛋 d （有表情那一片擺最前面），並於角落放入Ⓑ的秋
   葵片，將五色芝麻隨意撒在麵上 e ，即可搭配涼麵醬汁食用。

台灣廣廈 國際出版集團
Taiwan Mansion International Group

國家圖書館出版品預行編目（CIP）資料

給寶貝的童話風造型餐×魔法便當：對照圖稿輕鬆完成！145道美
味主食＋營養配菜，讓孩子心花開的三餐、便當、野餐盒【隨書附：
魔法圖稿著色本】／劉怡青著. -- 新北市：臺灣廣廈有聲圖書有限
公司, 2022.08
　面；　公分
ISBN 978-986-130-549-3(平裝)
1.CST: 食譜

427.1　　　　　　　　　　　　　　　　111008301

給寶貝的童話風造型餐 × 魔法便當
對照圖稿輕鬆完成！145道美味主食＋營養配菜，
讓孩子心花開的三餐、便當、野餐盒【隨書附：魔法圖稿著色本】

作　　　者／劉怡青		編輯中心編輯長／張秀環	
攝　　　影／劉怡青		編輯／蔡沐晨・彭文慧	
攝影協力／張皓帆		封面設計／張家綺・曾詩涵	
試 吃 員／小子Z		內頁排版／菩薩蠻數位文化有限公司	
		製版・印刷・裝訂／東豪・弼聖・明和	

行企研發中心總監／陳冠蒨　　線上學習中心總監／陳冠蒨
媒體公關組／陳柔彣　　　　　產品企製組／黃雅鈴
綜合業務組／何欣穎

發 行 人／江媛珍
法 律 顧 問／第一國際法律事務所 余淑杏律師・北辰著作權事務所 蕭雄淋律師
出　　　版／台灣廣廈
發　　　行／台灣廣廈有聲圖書有限公司
　　　　　　地址：新北市235中和區中山路二段359巷7號2樓
　　　　　　電話：（886）2-2225-5777・傳真：（886）2-2225-8052

代理印務・全球總經銷／知遠文化事業有限公司
　　　　　　地址：新北市222深坑區北深路三段155巷25號5樓
　　　　　　電話：（886）2-2664-8800・傳真：（886）2-2664-8801
郵 政 劃 撥／劃撥帳號：18836722
　　　　　　劃撥戶名：知遠文化事業有限公司（※單次購書金額未達1000元，請另付70元郵資。）

■出版日期：2022年08月
ISBN：978-986-130-549-3